寄りそう猫

しあわせは猫の隣り
心温まる17の実話

佐竹茉莉子（さたけまりこ） 著

はじめに

物心ついたときから、私の傍らにはいつも猫がいました。

人見知りなくせに、ほっつき歩きが好きで、猫とはすぐに仲良くなれる少女でした。

ずいぶん昔におとなになってからも。

フリーライターという仕事を始めて、いろいろな町々を訪ねることが多くなり、取材後に、その町の商店街や路地裏や漁港などをうろつき、いろいろな猫と出会うのが楽しみになりました。いつしか自己流で写真も撮り始めました。

猫と遊んでいると、近くにいる地元の人が声をかけてくるのです。

「よっぽど猫が好きなんだねえ。その猫はあんまりなつかない子なんだけど」

そして、その猫の生い立ちやら、ちょっとしたエピソードやらを聞かせてくれるのです。

のんびりした猫のそばには、のんびりした人。やさしい猫のそばにはやさしい人が、たいていいました。

そして、どんな猫にも、うかがい知れぬドラマがありました。

猫も、私たちと同じように、愛別離苦を味わいながら生きているのに、なんて潔いさまなのだろう。出会うほどに、猫への静かな共感と敬愛が積もっていきました。

辰巳出版から出していただく猫の本は、これで4冊目となります。

フェリシモ猫部が9年前にできたときにはじまった週一回の連載「道ばた猫日記」から、9話。朝日新聞WEBサイトsippoで月連載2年目となった「猫のいる風景」から、4話。再取材と再撮影でまとめ直しました。

新しい取材も4話加わっています。

テーマは、「寄りそう」。

人と猫だけでなく、猫と猫、犬と猫、そして、人と人の寄りそう情景を集めました。猫のドラマの後ろには寄りそう人のドラマも、必ずあるのです。

寄りそう人を持たない猫たちの境遇に思いを馳せ、自分たちに今できることは何か、手をつなぎ合いたいという思いも込めました。

佐竹茉莉子

目次

episode 1

ノネコがやってきた！

奄美大島の森で暮らしていた野性の猫が、捕獲・譲渡され、はるばる東京に。はたして、すんなり家猫になれるだろうか。

写真の猫は、動物病院の濡れた流し台の中で、ぽわっとした表情で、くつろいでいた。左耳と鼻先に黒い模様のある、若い白猫だ。

譲渡先募集中の、その写真に添えられた説明には「奄美大島から来たノネコ」とある。友恵さんは首をかしげた。

「ノネコって？　最近ではノラ猫のことをこう呼ぶのかしら」

モコ先生提供

なんだか、おもしろそうな子だわ。

「ゆわん」という仮の名のついたその子に、友恵さんは心をつかまれた。

ノネコとは、森や山の中で、人間に接することなく自活する野生ネコのことだと知ったのは、動物病院へ会いに行ったときだった。

鹿児島県の奄美大島では、希少種アマミノクロウサギを保護すべく、クロウサギを捕食する森の野生猫を「ノネコ」として駆除する計画がス

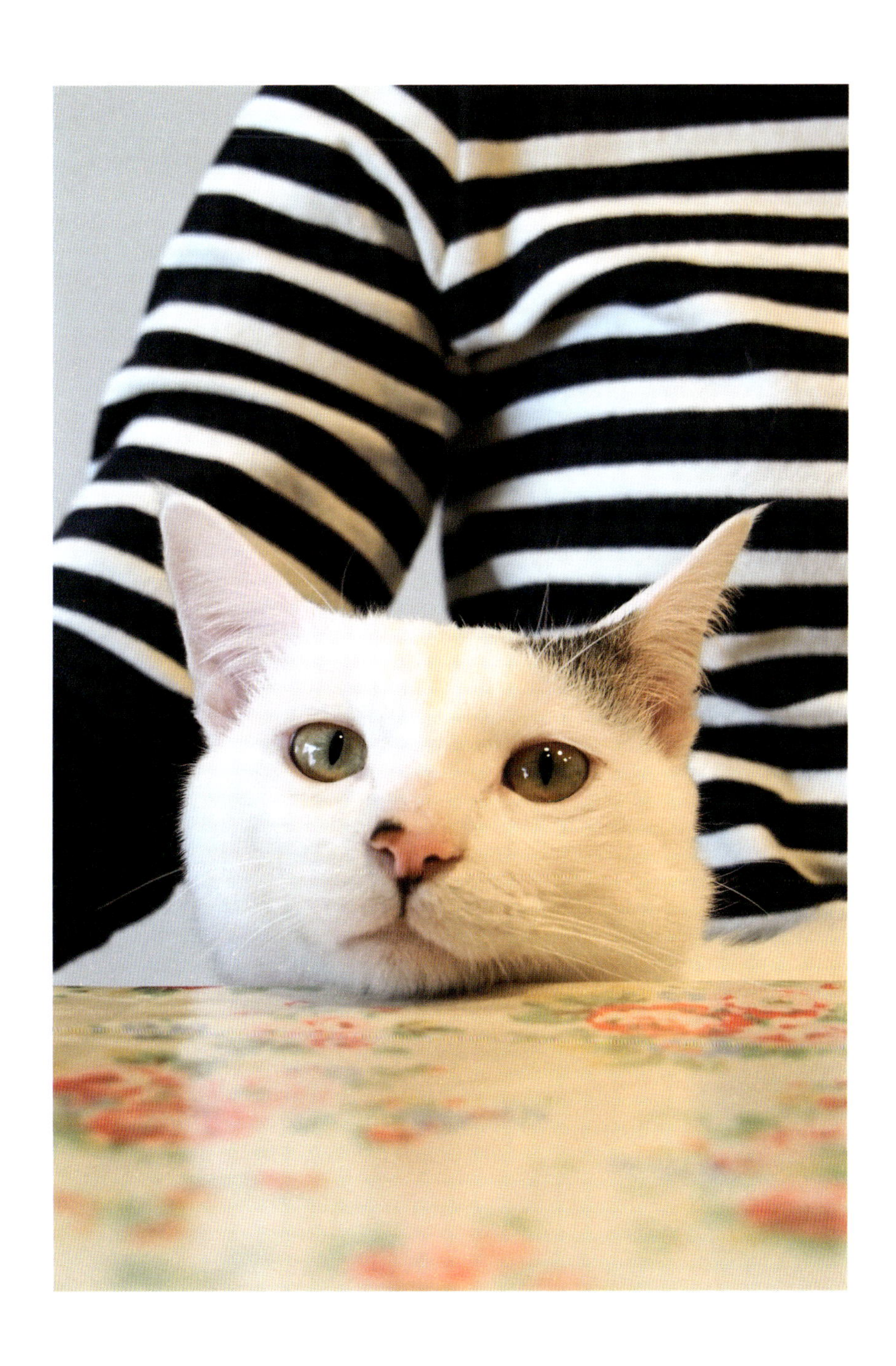

タートしていた。

捕獲されたノネコはノネコセンターに収容され、引き取り手がなければ、1週間後に殺処分となる。

ゆわんくんも、捕獲されたノネコの1匹だ。「あまみのねこ　ひっこし応援団」の団長である獣医のモコ先生に引き出されて、東京に連れてこられたばかりだった。

奄美の湯湾岳からつけた名をそのままに、ゆわんくんは友恵さんの家の子になった。

やってくるなり、ゆわんくんは、友恵さん夫妻の手やら耳やら顔やらを舐め回した。そればかりか、椅子やタンスまで舐め回す。まるで赤ん坊が舐めることでモノを認識していくように。

森の中から、マンションへ。それ

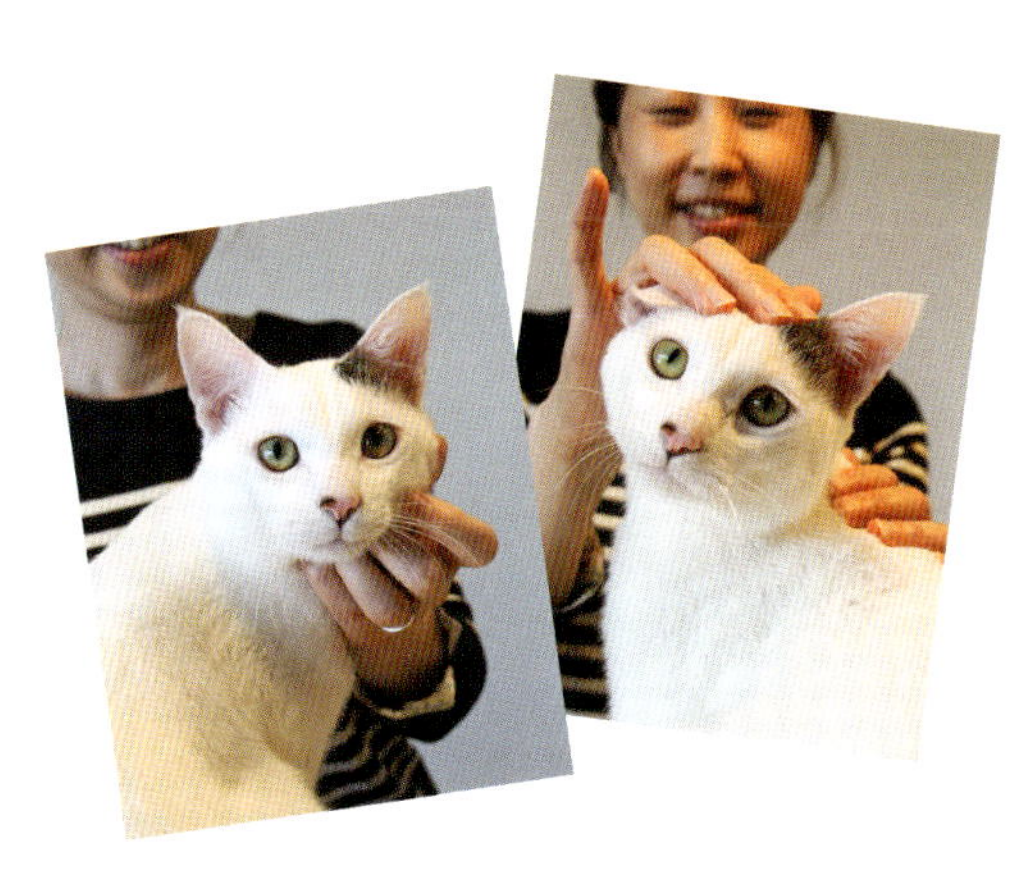

友恵さん提供

はミラクルワールドだったに違いない。

舐めて、跳んで、かじって、ゆわんくんは大忙し。人間を知らないということは、人にいじめられた経験もないのだ。そのためか、ころっとなついた。

友恵さんが調理を始めると、肩に飛び乗って飽かず手先を眺める。

森の生活では、毎日食べ物にありつけるとは限らず、水を飲んで空腹を紛らわすこともあったのだろうか、とにかく水が大好きだ。

「ノネコがこんなに甘えん坊とは」

「一日中、よく跳び、よく遊び、よく甘える。ほんとに可愛いです」

ゆわんくんの天真爛漫な不思議キャラに振り回される夫妻の目尻は下がりっぱなしだ。

千葉県に住む一家と暮らす、推定1歳のゆずきくんも、モコ先生がノネコセンターから引き出してきたノネコだ。

小学生の次男、桜大くんが裏庭で保護した麦わら猫のあずきちゃんの遊び相手を一家は探していた。

まだ幼いあずきちゃんより数か月年長の猫がネットで見つかった。

その写真に添えられた「ノネコ」の意味を、母親の幹子さんはネットで調べ上げた上で、迎える気持ちになったという。

思わず野生が出て、あずきちゃんに危害が及ぶのでは、という一抹の不安もあったが、一家でその猫に会いに行った。

その猫は、おっとりとしていて、膝に乗ってくるほどフレンドリーだった。

迎えられて「ゆずき」という名をもらったイケメンのノネコは、家にもすぐに順応し、あずきちゃんと兄妹のように仲良くなった。

あずきちゃんが避妊手術のため、一晩いなかったときは、ご飯にも口をつけないほど意気消沈。あずきちゃんが戻ったときは、喜んでいつまでも毛づくろいをしてやったという。

縁あって、兄妹に。ゆずきくんは妹思いのたのもしいお兄ちゃん。顔も似てきた？

達也さん提供

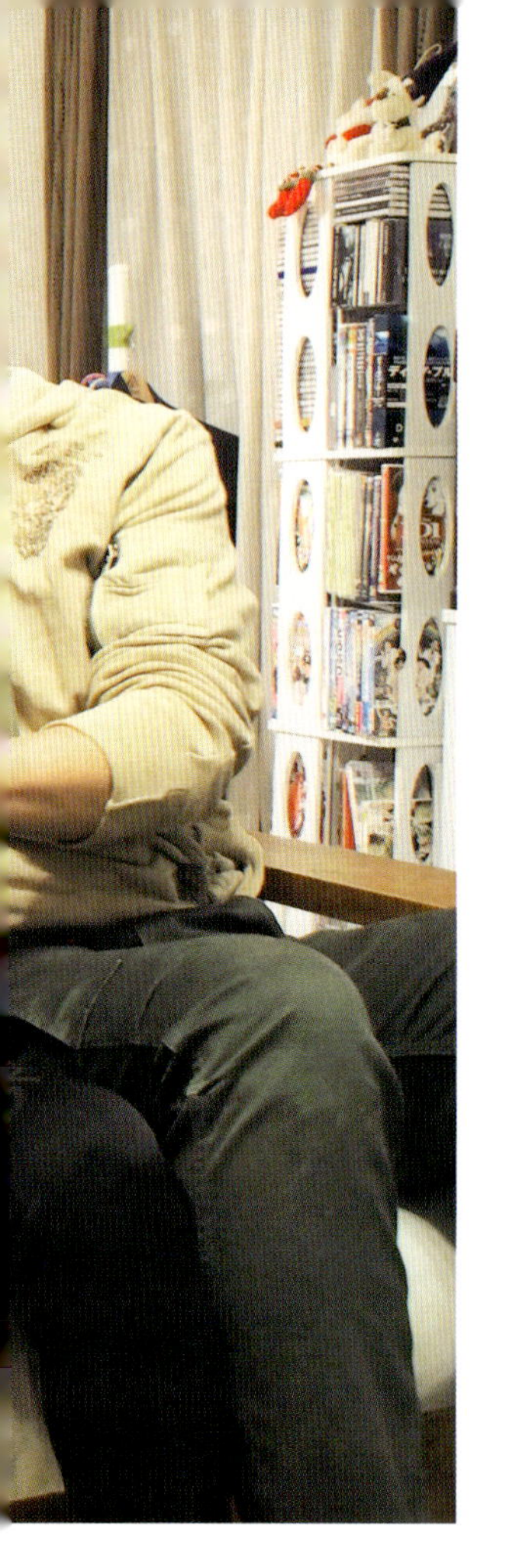

「野性動物って聞いていたのに、こんなに優しい猫で、びっくりした」と、長男の凌大（りょうだい）くん。

「せっかく生まれてきたのに、ある日突然捕獲されて、引き取り手がなければ、その子の一生がそこで終わっちゃうなんて……可哀そうすぎる」と、家族で一番猫好きの桜大くんは、声を詰まらせた。

仲睦まじく寄りそう2匹を見やりながら、父親の達也さんは、そっと言葉を添えた。

「ノネコと呼ばれていた子だって、こうして人間とも先住猫ともちゃんと仲良くなれるんです。捕獲されたノネコを迎える家族がどんどん増えてほしいですね」

奄美のノネコとは、そもそもが、島に持ち込まれ、捨てられたり迷い

込んだりして森に入り込み、自活せざるを得なかった猫たちの子孫である。「生態系を乱す害獣ノネコ」は、人間の仕分けによるものだ。
森の中で、母猫に愛情深く育てられたであろうノネコは、ふるさとの森から遠く離れて、新しい暮らしを始めている。
それぞれに、あたたかい家族のもとで。

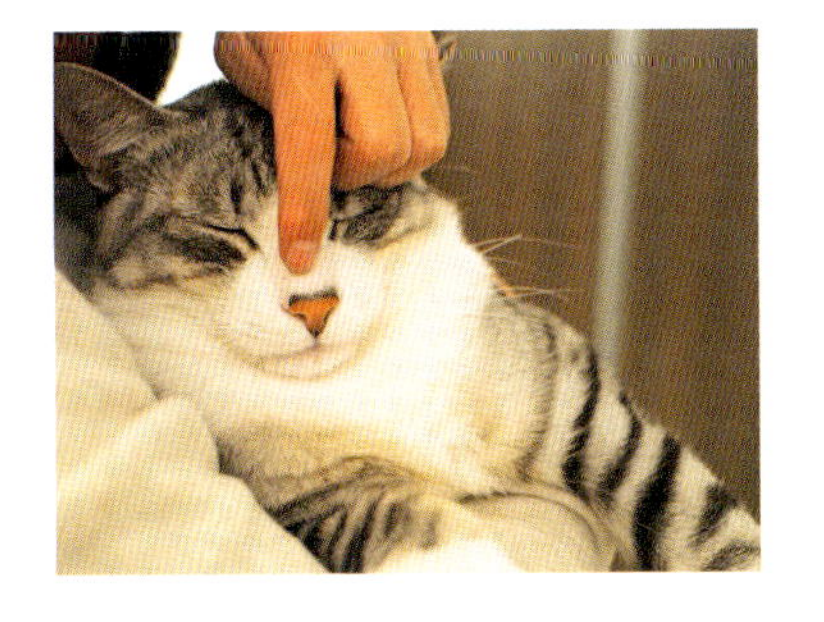

episode 2

母さんは、犬

種は違っても、誰にも負けない仲良し母娘の、ひめ子とひな子。

ふたりが母娘となったきっかけは、ある朝のことだった。


国産天然木の香りが満ち満ちた、広い工房の中で、きょうも、ひな子は、探検に余念がない。

「あれ、ひな子はどこにいった？」と、栄一父さんに問われれば、ひめ子は、すぐさまひな子の元へと誘（いざな）う。

いつだって、大事な娘の姿は目で追っているから、居場所はちゃんとわかっている。危ないことをしそうなときは、「ウ〜〜」と唸って、しっかりしつけをして育ててきたから、

心配ないのだけど。
視界から姿が消えると、気になって探しに行く。「にゃあん（母さん、ちょっと来て）」と呼ばれたときは、飛んでいく。
ひめ子は、5歳の黒柴。
ひな子は、3歳の白猫。

毎朝、自宅から、車の助手席に抱き合うように乗って、工房へ通ってくる。

犬と猫だけど、朝から晩まで一緒の仲良し母娘なのだ。

ふたりの出会いは、3年前の春の朝。

当時2歳だったひめ子は、和枝母さんと、日課の早朝散歩を楽しんでいた。

いつもの公園にさしかかったとき、カラスが石垣のそばで黒い群れを作っていた。

ひめ子は、いきなりリードをぐいぐい引っ張って、カラスの群れに突進。真ん中に思い切りジャンプして、カラスたちを蹴散らした。温厚なひめ子は、カラスを相手にすることなんて、いつもは絶対にないのに。

和枝さん提供

カラスが散ったあとには、石垣に必死にしがみつく仔猫がいた。

まだ生後ひと月半くらいの真っ白な子だ。きのうの朝、公園を通ったときには見かけなかったから、きっと捨てられたばかりなのだろう。

和枝さんが抱き上げると、集中してついばまれていたらしく、左後ろ足は、もう骨だけになっている。

心配そうにのぞき込むひめ子と一緒に、和枝さんは急いで自宅に猫を連れ帰った。

「仔猫の声がする」と、寝ていた栄一さんが起きてきた。「うちには犬がいるから、猫は飼えないだろう」と言いながらも、仔猫の状態を見て、心配そうに眉を曇らせた。

仔猫をミニ毛布に包んで動物病院へ連れて行こうとする和枝さんに、

「どこに連れて行くの」と必死に訴える目で、ひめ子は追いすがった。

仔猫は、左後ろ足を関節から切断する大手術に。入院中、和枝さんと共に見舞いに訪れたひめ子は、ケージ内の仔猫に向かって「クンクンクン」とあやすように鳴き続けた。

戻ってきた仔猫をひめ子は大喜びで迎え、つきっきりのお世話を始めた。

お尻を舐めて排泄を促す。おっぱいをまさぐる仔猫に添い寝をしてやる。そのうち、ほんとうに母乳が出るようになった。

仔猫が床に粗相をしたときは、素早く舐めとって、素知らぬ顔をしている。

「この子は、なんにも困ったことはしませんよ。とってもおりこうさん

だから、うちの子にしましょうね」

そう言わんばかりに。

元気になったら、譲渡先を探すつもりだった栄一さんと和枝さんも、これには参った。

ふたりを引き離すことなどできようか。

「ひな子」という名をつけてもらった仔猫は、ひめ子の庇護の下、すくすくと成長した。

真っ白だった毛並みは、成長と共にベージュがかってきた。目は美しいオッドアイである。

ひめ子は、溺愛するだけの母では、けっしてなかった。

我が子が危ないことをしそうなときや、いたずらが過ぎるときは、唸って、しっかりとしつけをした。

ひな子は、3本足となっても、ひ

め子のそばで何不自由なく安全に過ごしている。

最近では、独立心の強くなったひな子が「お母さん、ほっといて！」とばかり、可愛い猫パンチを飛ばすこともある。だけど、たいてい、しばらくすると、甘えたくなったひな子が寄っていくのだ。

かまってほしいひな子が、ちょっかいを出し続けるときには、「いい加減にしなさい」と、母が軽く唸るときもある。

すべて、仲がよいあまりの日常光景だ。

ときどき、ひな子もリード付きで、公園散歩に連れて行ってもらう。猫の散歩が物珍しくて、ほかの犬がたちまち寄って来る。

すると、必ず、ひめ子が間に入って、他の犬に唸る。ふだんは仲良しの犬に対しても。

「うちの娘にちょっかい出さないで、って言っているのだと思います。いつまでたっても、大事な大事な宝物なのねえ」

そう言って、和枝さんは笑う。

大きくなった今でも、ひな子は、母さんのおっぱいをまさぐるときがあるという。

「犬が猫を産んじゃった」

栄一さんは、工房に出入りの人たちにそう話している。

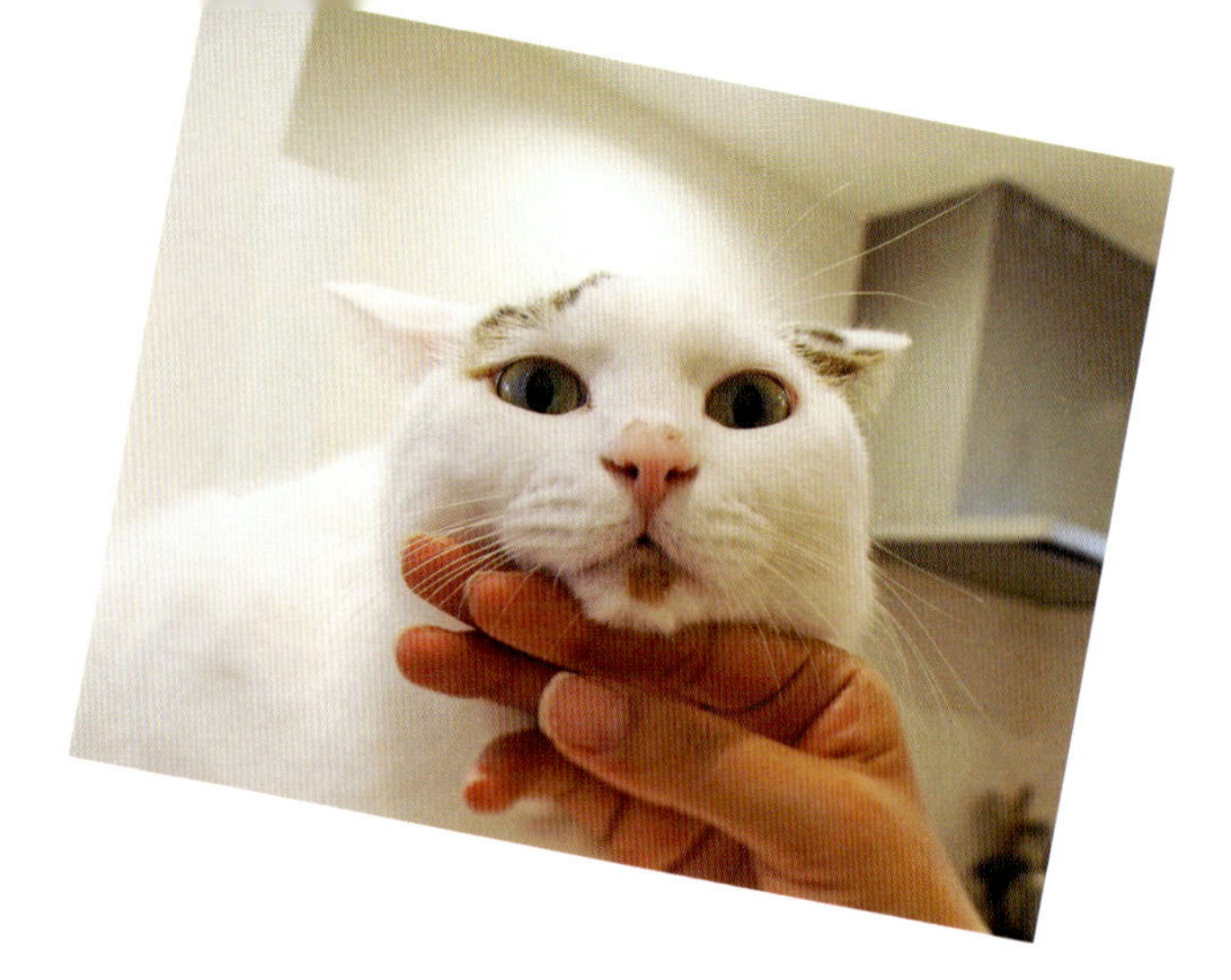

episode 3

1＋2で、3兄弟

「猫たちが仲良くなれなかったら、結婚はなし」

そんな同意のもとに、ふたりの猫連れ同居は始まった。

知子さん提供

知り合った当時、祐一朗さんと知子さんは、都心にある同じ会社の同じグループで働いていた。仕事の話以外はしたことがなかったふたりの仲は、4年前に急接近する。

きっかけは猫だった。

保護されたばかりの子猫をもらい受けた知子さんが、猫飼いの先輩である祐一朗さんに飼い方の相談に乗ってもらったのだ。

知子さんが飼い始めたのは、おでこと尻尾が黒く、あごと尻尾にちょこんと茶色のある、アキラちゃん。珍しいと言われる「雄の三毛猫」もどきである。

祐一朗さんは、2匹の保護猫と暮らしていた。

祐一朗さん提供

6年前のこと。捨てられていた子猫を拾った友人から「もらってくれないか」と写メールが来た。「いいよ」と返事をしてほどなく、またもや同じ友人から写メールが。

「別の場所で、また子猫を拾った。2匹で仲良くしているので、2匹もらってくれないか」

やさしい祐一朗さんは、またもや「いいよ」と返答したのだった。

夏空の下、2匹でやってきたので、黒白の雄猫はなっちゃん、茶白の雄猫はくうちゃんという名をつけてやった。

知子さんちのアキラちゃんはひとりっ子として、祐一朗さんちのなっちゃんとくうちゃんは仲良し兄弟として、のびのび育つ。

そんな猫好き同士、猫話をするうちに、気持ちよく心が寄りそっていく。

付き合い始めて1年。ふたりは結婚を前提に一緒に暮らすことにした。ただし、自分たちのしあわせよりも、大切にしたいことがあった。それは、それぞれの猫のしあわせである。
同居は、飼い主込みのトライアングルのようなもの。「猫たちが仲良

くなれなかったら、結婚はなし」と取り決めたのだった。

3匹ともおとなの雄猫同士だから、簡単にはいかないはずだ。しばらくは隔離して様子を見ることになろうかと、大きなケージハウスも用意した。

ところが……。ケージハウスはまったく必要なかったのである。

「ぶっつけ本番で顔合わせさせてみたら、シャーもフーもなく、その日のうちに意気投合しちゃったんです」と、祐一朗さん。

「なんとかなるだろうな、とは思っていたけど、あっという間で、『え？』って感じでした」と、知子さん。

その日から、3匹は、最初から3兄弟として生まれてきたかのように仲良しに。

そして、ふたりと3匹は正式な家族になった。新居は、猫の気持ちになって知子さんが設計した。

キャットタワーなしでも、どこにでも上がれる棚や家具の配置。

どこでも通れるよう、部屋と部屋には間仕切りがない。洗面室にも、大きな猫ドアがある。

知子さん提供

通りに面した外が見える大きな窓。ふたりの帰宅時間には、2階の窓から仲良く外をウォッチングしている3匹が、玄関に駆け下りて、揃ってお出迎えしてくれる。
もともと仲の良いなっちゃんとくうちゃんがくっついて寝ていると、アキラちゃんは、「ボクも入れて」と、真ん中に割り込んで行き、猫団子に。
知子さんは言う。
「どの子もみんな同じに可愛いけれど、やっぱりアキラとは、とりわけ絆が深いというか……。毎晩、アキラは必ず私の左腕に寄りそって寝るんです。乳がんで手術した左側を、アキラがそっと守ってくれてる気がします」

そんなアキラちゃん、知子さんがいないときは、3兄弟でいっせいに祐一朗さんに甘えるそうだ。

「3匹いっせいは、すごくうれしいです」と、祐一朗さんはおおらかに笑った。

episode 4

拾った「子猫」は、おばあちゃん

三毛猫ジャガーちゃんは、7年前、登校途中の姉妹に拾われた「子猫」だった。

なのに、今の年齢は……？


「子猫ちゃんがずぶぬれになってる」

小学校に送り出したばかりの娘たちから、キッズ携帯で直子さんに電話がかかってきた。7年前の12月、雨の朝だった。

「すぐ行くから」

車で駆けつけると、傘をさした娘たちが道ばたにしゃがんでいる。姉娘の膝には、痩せた小さな猫。冷たい雨に打たれたせいで、いっそうみすぼらしげに抱かれていた。

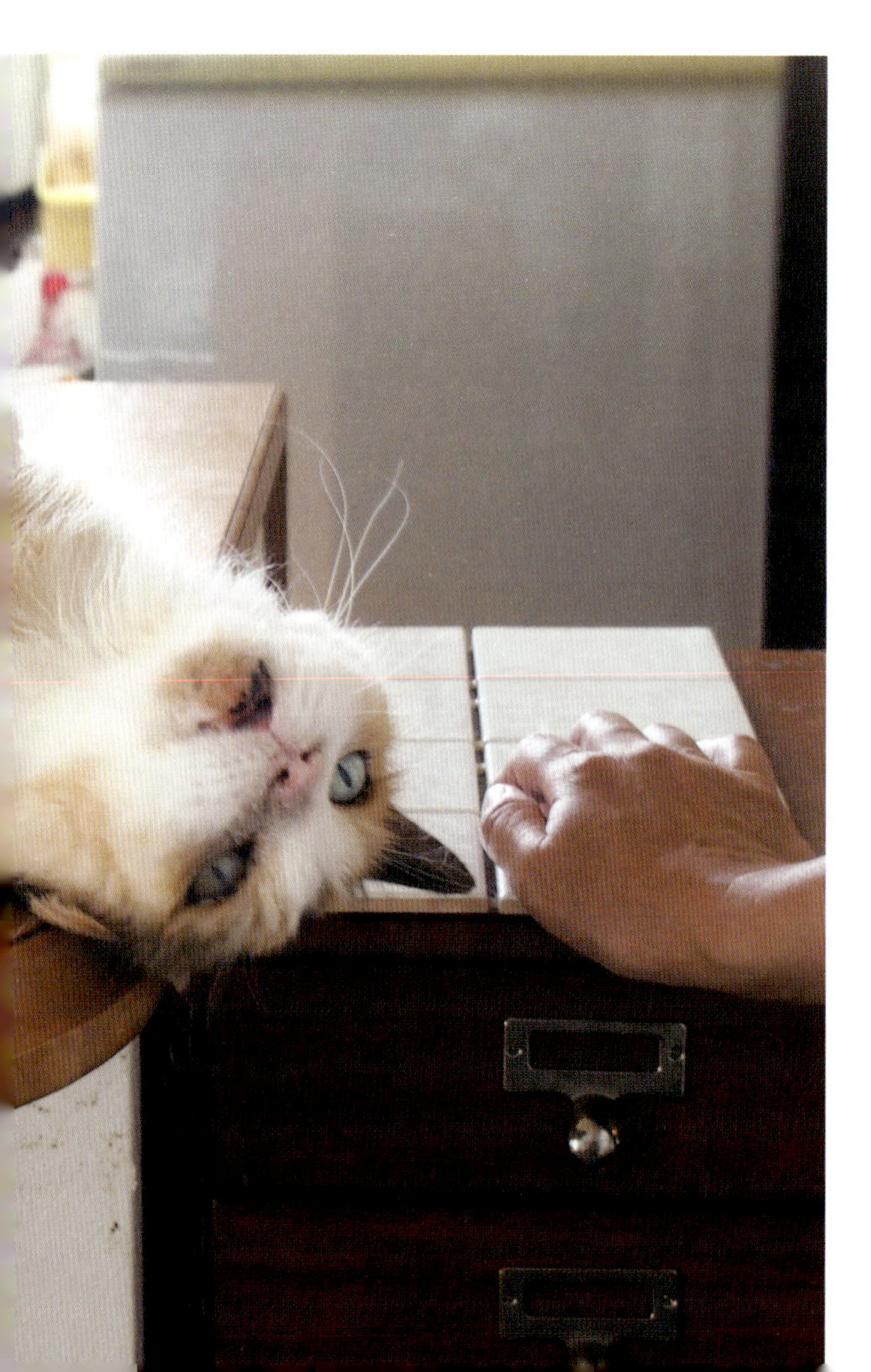

長毛らしき三毛である。だが、猫は、どう見ても子猫ではなく、老猫だった。抱き上げると、ふわっと軽く、指先にゴリゴリと骨があたって、かなり具合が悪そうだ。

娘たちを学校へ向かわせ、直子さんは猫を家に連れ帰った。猫は、先住猫のごはんを見つけるや、ガツガツと飲み込むように食べ始めた。空腹が極限だったらしい。何日もさまよっていたのだろうか。

体を乾かしてやって、動物病院へ連れて行くと、獣医さんは言った。

「かなりの高齢ですね」

ひどい下痢。そして認知症の気配。そのせいで捨てられた猫なのかもしれない。残り時間はわずかかと見えた。

「もしかしたら持ち直すかも、と思えたのは、食い意地がものすごく張っていたから」と直子さんは笑う。

直子さん提供

家じゅう下痢を垂れ流すので、お尻の毛を刈り上げ、オムツをあてがってやった。娘たちも可愛がった。栄養状態がよくなるにつれ、認知症の気配もなくなり、オムツも外れた。

猫の名は「ジャガー」に決まった。直子さんが好きなロック・ミュージシャンにツイッターで「子猫を保護したけどおばあちゃんだった。名付け親になってほしい」と書き込んだところ、「ジャガー」と返しが来たのだった。

元気になったジャガーおばあちゃんは、春休みには娘たちにリード付きで近くの公園まで連れて行ってもらい、花見を楽しんだ。直子さんが出店した町のフリーマーケットでも、店番を務めた。

ジャガーちゃんを救った娘たちの「可哀そうな猫を見るとほっとけない」気質は母譲りだ。

「小学生のとき、子猫を拾って以来、猫のいない日はなかった」という直子さん。結婚相手が介護職に就くのを機に、東京からこの南房総の海辺に越してきて、20年が経つ。娘2人の保育が一段落したあと、古着と雑貨を扱う小さな店を国道沿いに持っ

直子さん提供

元気になるにつれ、目ヂカラがついてきたジャガーちゃん。食い意地張ってこその、大復活！

直子さん提供

高校生のお姉ちゃんに甘える

た。

のどかなこの町は、飼い猫だかノラ猫だかはっきりしない飼い方が多く、避妊去勢も進んでいない。ここに移り住んでから、いったい何匹の子を保護したことだろう。

「元気な子猫ならもらってくれる家を探すけど、そうでない子は手元に残します。拾って、やっと元気になったと思った頃に病気を発症する儚い子もいて、見送るのがいちばんつらいですね……」

ジャガーちゃんより6年前に保護した茶トラのヘレンくんは、幼稚園の送迎バスを待っているときに保護した子猫。お腹にぽっかり穴が開いていて、回復まで長いこと網タイツをお腹周りに着けて育てた。

ジャガーちゃんより4年後にやっ

てきたのは、同じく茶トラのナッツくん。農家のビニールハウスに捨てられていて、保護した人から一時預かりを頼まれた。ちょうど誕生日を前にした下の娘の「誕生日には何にも要らないから、この子をうちの子にして」というお願いで、ナッツくんは、3匹目の猫となった。

「かなりの高齢」と獣医さんに言われてから、7年。ジャガーちゃんは、いったいいくつになったのだろう。20歳を超えているかもしれない。「歯は一本もないけど、食い意地だけは相変わらず」と、直子さんは、いとおしげに見やる。

雨に濡れていたジャガーちゃんを「子猫」と間違えて抱っこしてくれた娘たちは、高校生と中学生になった。今でも、子猫のように抱っこし

て可愛がってくれるから、ジャガーちゃんも子猫のように甘える。

仲間の2匹とも仲良しだ。13歳のヘレンは、穏やかで気のいい初老猫だし、3歳のナッツはジャガーにとてもなついている。

3匹とも、日の当たるサンルームがお気に入りだが、外散歩も大好きだ。

家の前は、畑の向こうに白く輝く房総の海。山側は、一面の畑。いつでもいい風が吹き渡る。

「気持ちのいい日だね」

直子さんが猫たちに話しかける。

小道でゴロンゴロンしながら、ジャガーおばあちゃんは、きょうもご機嫌だ。

ジャガーちゃんは、お外で
風に吹かれるのが大好き。
きょうも、草むらで遊んだ
あと、小道にごろんと転
がって、長い毛並みを風に
そよがせる。

episode 5

忘れ形見

のりえさんの夫は、亡くなる前にこう言い残した。
「猫たちは、1匹も手離さないでほしい」と。

こまったちゃんは17歳。

のりえさんは、とても若い時、家を飛び出す形で、夫と一緒になった。音楽が大好きな夫婦だった。

タクシー乗務の仕事をしていた夫は、寄る辺ない猫を見つけると、見過ごすことがどうしてもできない人だった。

近所だけでなく、会社、待機場所、出先などで、困っている猫を見つけるたび、家に連れて帰った。奥さんが、猫は触れないほど苦手だったのにも構わずに。

夫は、猫の世話を続け、餌代や手術代に、自分の小遣いはすべてつぎ込んだ。

猫は増え続けた。

交通事故で動けなくなっていた母猫を入院させ、その子どもたちをみな引き取ったり、保護した猫がすぐに家で出産してしまったり。

そんな夫が50代半ばの若さで、体調を崩した。すでに末期のがんだった。

妻と自立した子どもたちを集めて、「このふたつの願いだけは、どうしても聞いてほしい」という前置きのあとに、続けたのが「献体をすること。猫たちは1匹も手離さないでほしい」ということだった。

そして、夫は、16匹の猫以外は何も遺さず、この世を去っていった。

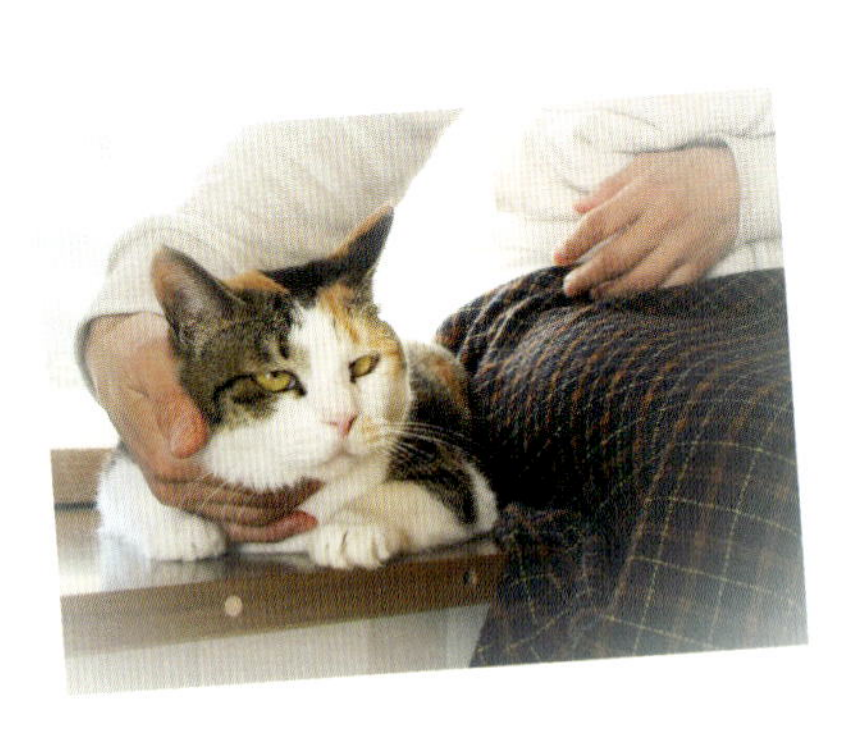

あれから、3年。

のりえさんは、忘れ形見の猫たちを養うために、働き続ける毎日を送ってきた。

毎朝、猫たちの世話をしてから、8時40分に家を出て会社に向かい、夕方5時過ぎに帰宅。

お昼休みも、家に帰るが、滞在時間は30分で、あわただしく猫の様子を見る。

夕方6時には、バイト先へ。帰宅は、9時過ぎか、10時過ぎ。

それから、猫たちの世話をする。

土日も、8時間くらい、バイトを入れている。

のりえさんは、猫の世話をするうちに、すっかり猫好きになっていた。猫のことを相談し合う猫友だちもたくさんできた。

全身で甘えてくる猫たち。
手がいくつあってもたりない。まんべんなく愛を注ぐ。

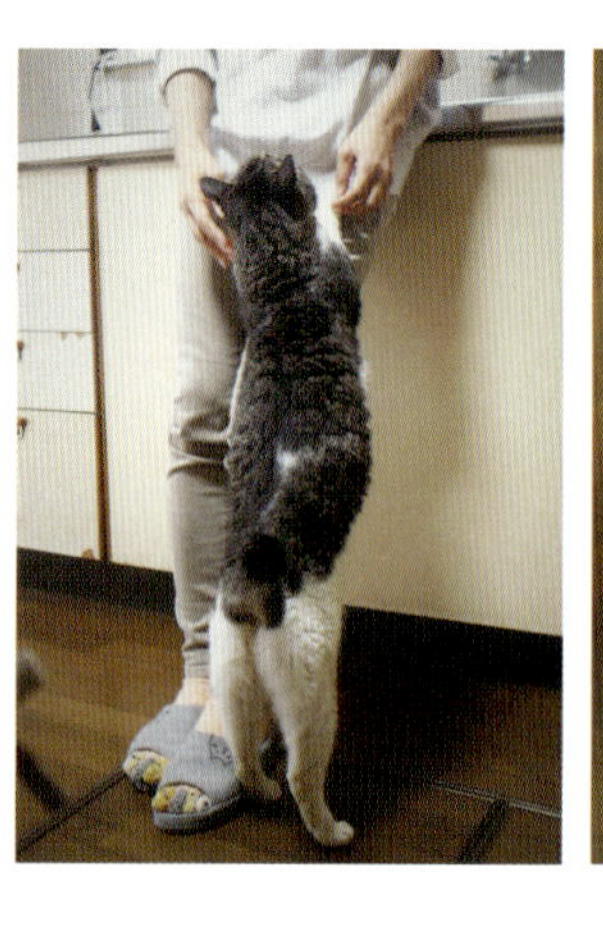

独り暮らしになったのりえさんは、不要なものは思い切り捨ててシンプルな暮らしを始めた。

すべての部屋を猫たちに割り振っており、猫たちは、押し入れの中まで自由に使っている。

この3年で、16匹のうち高齢や病気発症の5匹を見送り、自分で保護した2匹を家に入れた。「見過ごせなかった」のだという。そう、誰かのように。

保護時にヨレヨレだった1匹は、4日後に亡くなったが、「うちの猫」として見送ることができた。

だから、現在の猫は、12匹。

キッチンで暮らすのは、最高齢17歳の「こまった」おばあちゃん。ノラ時代、路地の真ん中でいつも寝そべっていて、車が来てもどかずに「困った猫」と呼ばれていた猫だ。

1階の和室で暮らすのは、三毛猫「がっちゃん」と、息子・娘のファミリー。さらに、この部屋には、新たに保護した年齢不詳の雄猫「わじゅ」が、加わっている。

2階北側の洋室で暮らすのは、ビビリの「うにゃにゃ」たち3きょうだい。

2階南側の洋室には、年齢不詳の「チビクロ」母さんと、人見知りの子どもたち3匹のファミリー。この4匹はとても仲良しで、よくソファーでくっついている。

仲の良い同士のグループ部屋だから、猫たちにストレスはないものの、のりえさんが部屋に入ると、「かまって」猫が押し寄せる。

「この子たちがいるから、こうして

がんばれる。勝手に猫を増やして勝手に先だった夫に対しては、まだ悔しい思いもあるけれど、この子たちを遺してくれたことにはすごく感謝してるかな」

そう話すのりえさんの笑顔は、明るくふっきれている。

「経済的にも時間的にもギリギリだけど、自分の力で生きている感覚が、いまは、とてもうれしくて」

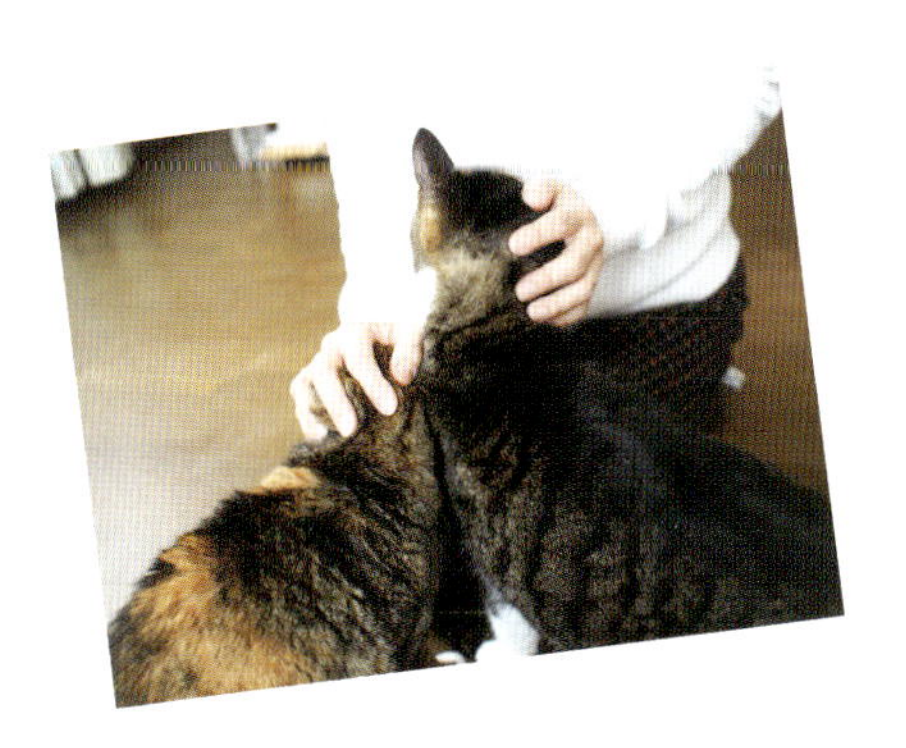

のりえさん提供。チビクロ母さんと子どもたち。

夫の写真が置かれた本棚の上から見下ろしているのは、新入りの雄猫「わじゅ」だ。

「路頭に迷うこの子を見過ごせなかったのを見て、彼はなんて言うかな。『やっぱりな』と言ったあと、きっとこう言うと思うの。『お前の好きそうな奴だ』って」

思い返せば、外猫を家に入れるからには、「家猫になってしあわせと思ってもらえるよう、終生の責任を持とう」と心に誓ってきた。それは、夫が生存中も今も同じだ。

夫に「手離さないでほしい」と言われたときも、「手離すなんて、私がそんなことをすると思うの?」と、少し腹が立ったものだ。

夫は「それを聞いて安心した」と言っていた。彼の最後の1年が、愛

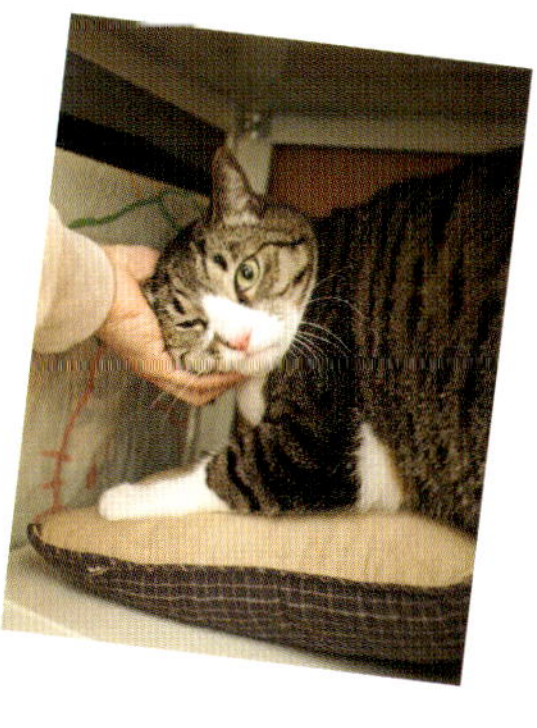

した猫たちとの日々でよかった、と思う。

どの子も最後まで大切に慈しんで、彼が待つ虹の橋のたもとに、1匹ずつ送り届けていくつもりだ。

episode 6

あたらしい家族

りゅうせいさんと、かのんさんは、10代同士のカップル。保護猫兄弟も迎え、ふたりは、新しい家族となった。

母猫とはぐれたのか、捨てられたのか。九十九里に近い町で、道ばたをさまよっていた幼い3兄弟猫。
弱っていた1匹は、保護されてすぐ亡くなった。残った2匹は、保護主のもとで元気を取り戻し、譲渡先の募集が始まった。

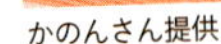
かのんさん提供

募集写真をネットで見て、会いに来てくれたのは、近くの町で一緒に暮らし始めたばかりの若いカップルだった。お互いに猫好きで、実家でも猫と暮らしていたので、「猫を飼いたいね」といつも話し合っていたのだった。

りゅうせいさんは、18歳。かのんさんは、19歳。

若いふたりは、「兄弟で飼ってやりたい」と、申し出た。

結婚していない、それも10代のカップルに子猫が譲渡されることは、まず難しい。だが、保護主は、ふたりと話すうちに、「このふたりなら、大丈夫」と確信した。

それで、2匹の兄弟猫は、ふたりが寄りそい合うつつましいハイツ暮らしの仲間入りをした。

浜名湖みかん

鼻先がピンクで、白ソックスをはいたサバトラは、「ルチア」。鼻先が黒くて、胸や足が白い黒トラは、「ティート」。

イタリア語で、ルチアは「優雅な光」、ティートは「守護神」の意味である。

かのんさんの育猫ノートは、迎えた日の第一印象や食べた量などから始まって、今日にいたるまで、びっしりと文字で埋まっている。2匹の写真も撮り続けている。

「毎日、毎日、今日と同じ日はありません。いろんなことを2匹はしでかすし、いろんな楽しい発見をさせてくれますから」

2匹は、毎朝、仕事に出かけるりゅうせいさんを玄関で見送る。

仕事から帰ってきたりゅうせいさんは、玄関で出迎える2匹の遊び相手を何よりも優先。投げてやったネズミのおもちゃを、得意げに咥えて持ってくるのが、2匹のお気に入りの遊びだ。

りゅうせいさんの口から連発されるのがこの言葉。

「可愛い、可愛い」

そんな仲良し家族を、棚の上から笑顔で見守るのは、りゅうせいさんのお母さんの若々しい写真だ。

女手一つで育ててくれたお母さんを、りゅうせいさんは、中学生の時に亡くした。以来、親族の家を転々として暮らした。

かのんさんと巡り合い、惹かれ合って、一緒に暮らし始めた。りゅうせいさんが20歳になったら、籍を入れる約束だ。

これからどんな家族になっていきたい？　そう尋ねると、りゅうせいさんはこう答えた。

「このままで……。そう、このままが、ずっとずっと続いてくれれば」

うなずいて、かのんさんも続ける。

「彼がいて、猫たちがいて、毎日毎日の小さなしあわせを、積み重ねていきたい」

そばでふたりの言葉を聞いていたルチアとティート。

こう言っているようだった。
「ルチアは優雅な光となって、ティートは守護神となって、パパとママを守るんだ。そして、ふたりに負けないように、僕たちもずっとずっと仲良くするもんね」

episode 7

家族のように

家族のように和気あいあいと暮らす老人ホーム。
そこには、通所猫も、入所猫もいて……。

ここは、北関東にある、春の野に咲く小さな花の名の老人ホーム。デイサービスやグループホーム、高齢者専用マンションも兼ね備えている。

もうすぐお昼。おや、前庭から、デイサービス利用者らしき姿が。

「お昼ご飯、ください」

丸々したサバ白さんだ。

その後ろからも、あっちの塀の上からも、裏口からも、次々と訪問する猫たち。微妙な時間差利用のようだ。みんな耳カットが施されている。

「通所猫は何匹もいます。うちで不妊去勢手術をして、面倒を見ている子たちです」

施設管理者の竜子(りゅうこ)さんはさばさばした笑顔を見せて言う。

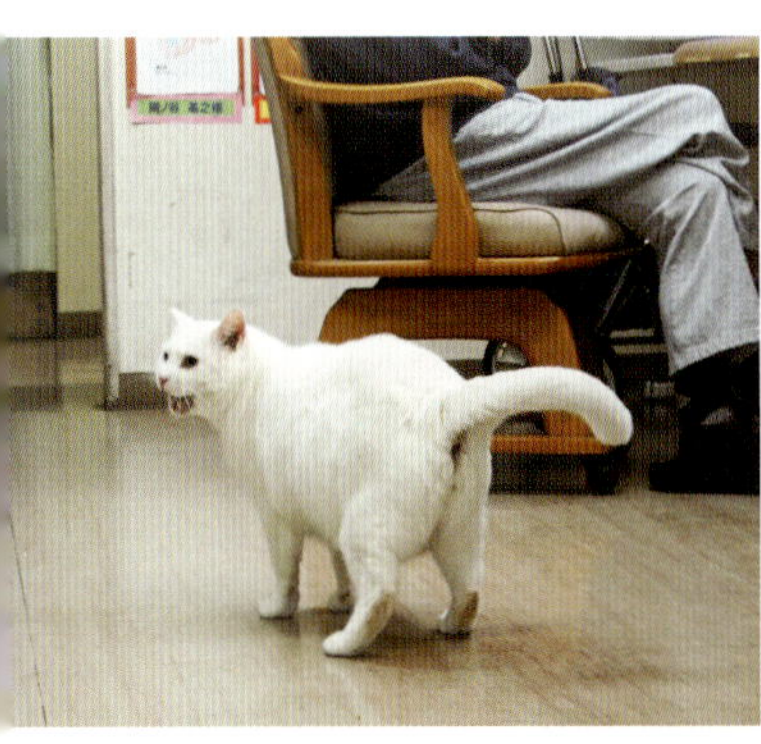

「施設内にはスタッフ猫も3匹います。最近、犬も1匹加わりました」

スタッフ猫のひとり、白猫のデップくんは、5年前に現れた元ノラだ。3年前にケガをしていたのを施設内で手当てをしてもらったあと、療養してそのまま室内猫に。通所から、ロングステイ、そしてまんまと入所してしまった猫である。

その恩義を感じているのか、毎日の施設内点検や利用者との親睦に余念がない。

ちなみに、デップという名前の由来は、けっしてジョニー・デップではなく、本名「でっぷりん」の愛称だとか。確かに、3段腹が「しあわせ太り」を物語っている。

お米番に励むキジ白の雌猫ペーちゃんは、3年前の夏、子猫の時に

スタッフに保護された。家猫となった今も、飼い主の出番には一緒に出勤して、夜勤もこなしている。

ちょっとシャイなデップくんに比べ、ペーちゃんは誰にでもフレンドリー。認知症の入所者さんの話し相手も、そつなくこなす。

スタッフとして心得るべきはちゃんと心得ていて、入所者の食事タイムには決して卓上に上がらない。

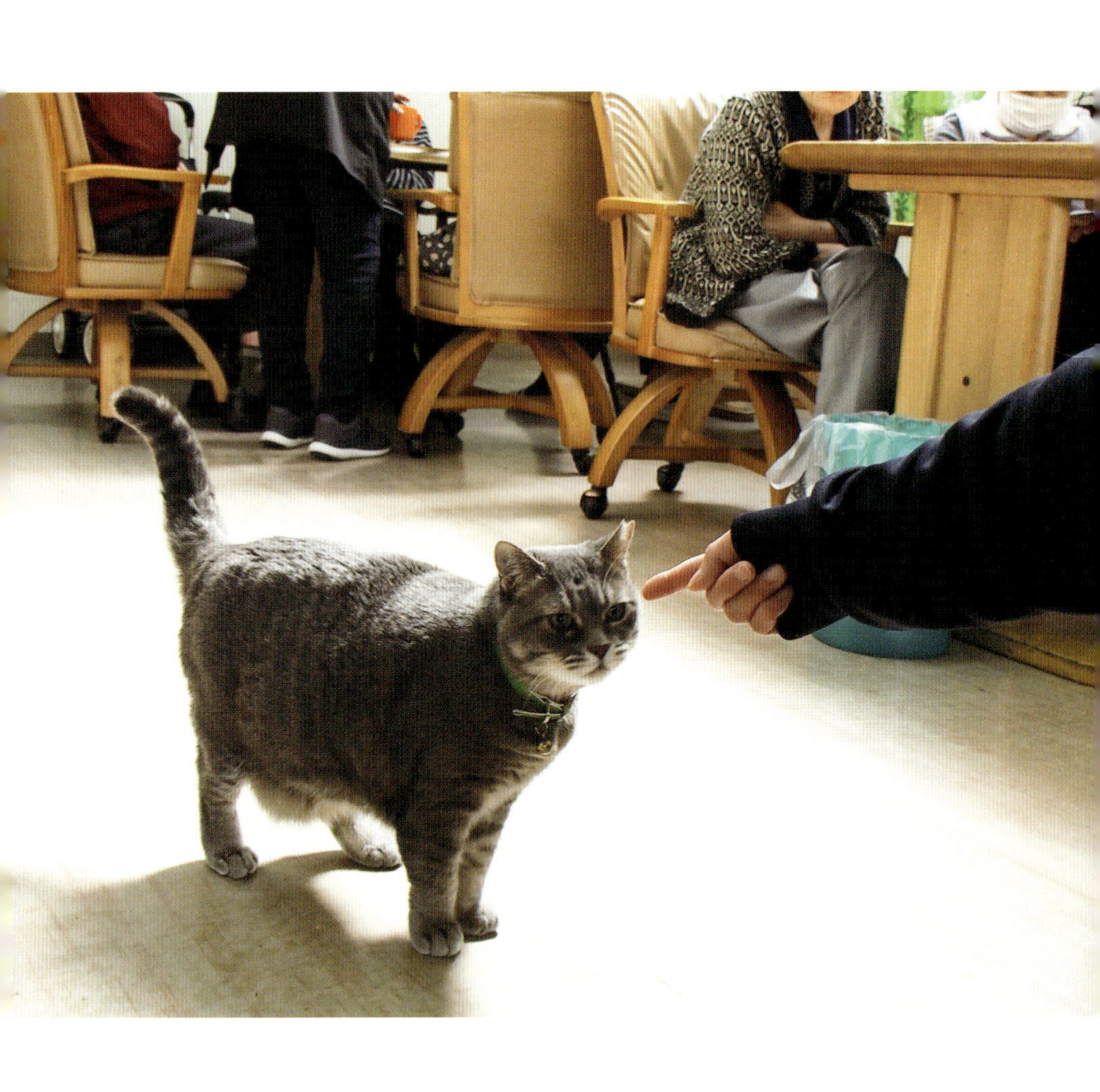

　やってきて半年のグレコちゃんは、片目がつぶれ、脱水状態でホームにたどり着いた、推定年齢10歳以上の雌猫だ。治療で一命をとりとめたあと、新スタッフに加わった。3匹のチームワークはまあまあだ。

　施設内の片隅には猫たちがくつろぐためのサロンがあり、今は使って

いないお風呂場が休憩室となっている。

人も猫も何とも居心地のいい、このホーム。竜子さんをはじめ、スタッフそろって動物好きという。

理事長や社長の了解を得て、近隣の外猫たちの手術やお世話を続けてきた。捨てられていた仔猫たちの保護は幾度も。衰弱しきった仔猫たちを育て、譲渡先を見つけたこともある。手術代やご飯代は、有志で出し合う。

「いつでも困った猫を助けられるよう、捕獲機や大小ケージも常備してあります。そんな老人ホームも珍しいでしょ」と、竜子さんは笑う。

「猫なんて大嫌い」と言っていた利用者の方までもが、今ではこんなことを。

「猫嫌いなんて一度も言わねーよー。猫、可愛かっぺよー」

最近、スタッフ犬も入ってきた。チコちゃんは、8歳の雌のトイプードル。日中はサロンで過ごし、夜は、認知症になった飼い主のおばあちゃんの部屋で寝る。チコちゃんは、若い男性スタッフが大好きだから、ここでの毎日が楽しくてたまらないようだ。

犬も猫も、入居費なんて払わないけれど、大きなお返しをしている。そう、彼らがそこにいるだけで、利用者もスタッフも、気持ちはゆったりほんわか。笑顔も会話も増える。 

ひとつ屋根の下、寄りそい合って大家族。一緒にのんびり年をとっていく。

あくせくしない。猫とお年寄りの生活リズムは合っているのかも。

column

猫好き集まれ!
フェリシモ猫部 ねこぶ TM

フェリシモ猫部は通販フェリシモで猫好きが集まるコミュニティ。「猫と人がともにしあわせに暮らせる社会」を目指して、様々な活動をしています。オリジナルの猫グッズ販売や、猫ブログなど、ウェブサイトには猫好きさんが楽しめるコンテンツがいっぱい！ ぜひチェックしてみてニャ♪

https://www.nekobu.com/

 @felissimonekobu

猫好きさんが楽しめるコンテンツがいっぱい！

猫ブログ

猫にまつわるエッセイやマンガをいろいろ連載中。佐竹茉莉子さんの「道ばた猫日記」は毎週火曜更新。

猫グッズ

基金付きオリジナル猫グッズを毎月発表しています。猫好きにはたまらないアイテムばかり！

わんにゃん支援活動

飼い主のいない動物の保護と里親探し、ノラ猫の過剰繁殖防止などのための基金活動や、譲渡会の開催などを行っています。

猫部トーク

猫専門の写真・動画コミュニティ。日替わりの投稿お題にそって盛り上がっています。あなたの愛猫も参加してみて。

sippo（シッポ）は朝日新聞社が運営するペットサイトです。ペットと人が共生できる社会を目指して情報を発信している専門メディアです。犬・猫にまつわる心温まる読み物や、信頼できるニュース、解説記事、実用情報などを満載。カワイイだけでなく、社会問題も取り上げ、役立つサービスも提供しています。

https://sippo.asahi.com

 sippo_official  @Asahisippo

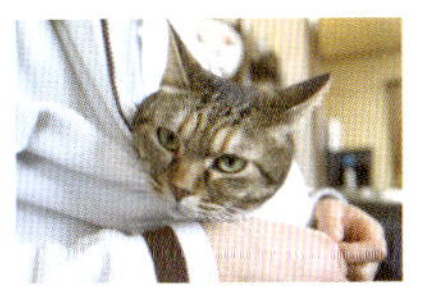

ペットと人のものがたり

ペットと飼い主の間には、それぞれドラマがあります。犬・猫と人の心あたたまる物語をご紹介しています。

猫のいる風景

佐竹茉莉子さんの書き下ろし連載。各地で出会った猫と、寄りそって生きる人々の情景をつづっています。

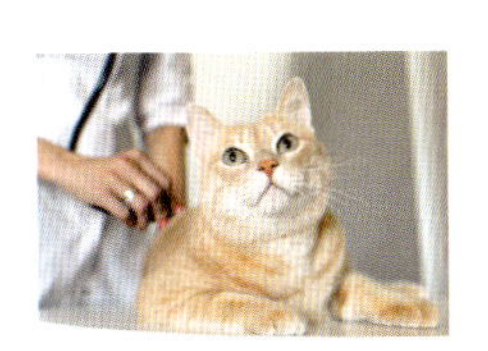

高齢猫との暮らし方

高齢な猫と長くしあわせに暮らす方法や、万一のときの対応について、猫専門病院の服部幸院長が解説します。

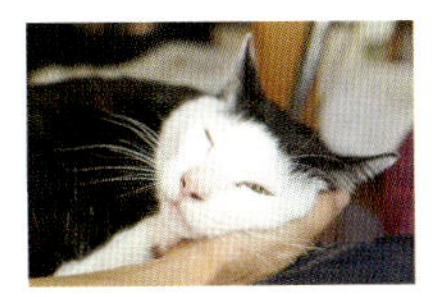

幸せになった保護犬・保護猫

一度は保護された犬や猫たち。出会いに恵まれ、しあわせに暮らす今を取材しています。

episode 8

自由に生きればいいんだよ

画一教育からこぼれでた子どもたちの集う場所。傍らに寄りそうのは、捨て猫だった灰色の猫だ。

静

岡県天竜川のそばに、「ドリーム・フィールド」はある。市内の高校で21年間教師をしていた大山さんが、15年前に作ったフリースクールだ。

現在は、6歳から30代まで、およそ50人が通ってくる。不登校や発達障害など、一斉画一教育になじむことができなかった生徒たちだ。

ここには、猫も暮らしている。スクールの2代目スタッフ猫のごまちゃんだ。まだ若いが、灰色のどっしりした雄猫で、スクール内を自由気ままに歩き回っている。捨て猫だったごまちゃんは、ゆるーい感じで、ここに溶け込んで暮らしている。

中には、猫がちょっと苦手な生徒もいて素通りされるが、いろいろな子がごまちゃんを撫でたり、話しかけたり、笑いかけたりしていく。「のんびり、ゆったりした『ゆるさ』

を持ち、互いを許し合える環境の中で、子どもたちが信頼感のある横の関係を築ける場所でありたい」というのが、ここのモットーだから、「ゆるさ」そのもののごまちゃんは、まさにそれを具現する存在なのだ。

　スクールの最初の猫は、「トムリン」というスモーキーな黒猫だった。

スクールを開いた年に、ケガをしていた生後間もない仔猫をスタッフが拾ってきたのだ。

　スクールで飼い始めたところ、何かが変わったと、大山さんは言う。

「学校でのいじめに傷ついていた子も、自信を無くして元気がなかった子も、気がつけば、トムリン相手に穏やかな顔になっている。あれ、猫がいるっていいもんだなあ、と思いましたね」

　フリースクールの生徒は増えていき、福祉施設としての認可を受け、親の学費軽減を図ることにした。

　また、18歳以上となった子たちの、社会への自立をサポートするために、

就労支援事業所として、カフェも開くことにした。

開店するにあたり、大事にしたこと。それは、「お涙ちょうだい」的な福祉事業所ではなく、スクールのみんなが胸を張り、自信を持って働けるような魅力的な店にすることだった。

キーワードは、猫！

「働きやすいように、やさしい人が集まる店にしたかった。それで、猫をテーマとしたスイーツや雑貨があり、看板猫も常駐する店にしたんです。猫好きは、たいていやさしい人ですからね」

店の名は、「雑貨カフェいもねこ」。

大山さん提供。トムリン。

トムリンくんひとりで看板猫は大変だ。そこで、市内の「捨て猫ゼロの会」からやってきた長毛サビ三毛の保護猫ハルちゃんも、交代の看板猫として、スタッフの家から通ってくることに。

18歳以上になったスクール生は、

大山さん提供。ハル。

「カフェ」「工房」「菜園」と、適材適所に分かれて、それぞれが自立の場を得ている。

誰にでもフレンドリーで、「トムリンがいるからスクールに行こう」という子もいたほどの人気猫トムリンくんは、おととしの秋に天国へ旅立った。

現在は、スクール暮らしのごまちゃんと、スタッフの飼い猫ハルちゃんが、交代でカフェの看板猫を務めている。

猫たちにストレスのないよう、カフェには特大の3段ケージ2組が用意されている。その中でまったりとくつろいでお客さんを歓待するハルちゃんとごまちゃんは、大人気。

「食事や猫との触れあいを楽しんでもらったあとで、『あれ、福祉事業所って書いてあるけど?』『福祉って何だろう?』『障がいって何?』と考えてもらえれば」と、大山さんは願っている。

スタッフと。

非番の日は、スクールでいっそうのんびりと過ごすごまちゃんには、キャットタワーやベッド、爪とぎなど完備の、自分の部屋がある。そこに入りびたりでずっとごまちゃんと遊ぶ子もいる。

スタッフのひとりは言う。

「猫が1匹、気がつけばそこにいるだけで、雰囲気が明るくなるし、みんなの気持ちも癒されていると思います」

猫は、そっと教えてくれるに違いない。

「みんな、ぼくたち猫みたいに、競わず争わず、縛られず、もっと自由に気ままに生きればいいんだよ」と。

ごまちゃん 出てます
あけるとき注意!!

マリちゃんの「女の一生」

若くして漁港に捨てられたマリちゃん。
いろんなことがあったけど、潮風に吹かれてきょうも海辺を闊歩する。

ころんとした手足と大きめの顔を持つマリちゃんは、南房総にあるこの漁港の主(ぬし)のような雌猫である。

漁協直営の「ふれあい市場」の人たちみんなに、可愛がられている。

寒い季節はあまり外に出ず、市場の従業員休憩所でぬくぬく過ごすが、暖かくなってくると、朝から漁港内の見回りに精を出す。

「マリ姐さんが見回り中だ」と、若い猫たちが遠くから見つめる中、悠然と一帯をのし歩く姿は、女ボスの貫禄十分だ。

「変わりはないようね」

ひととき船陰で輝く海を眺めたあと、船の上にひらりと飛び乗り、陽だまりでうとうと。彼女の縄張りは、今日も平和一色に染まっている。

この冬には体調を崩して見回りもしなくなり、市場の人たちをずいぶん心配させたものだが、暖かくなると、みごとに復活したのだ。

マリちゃんは、11年前に、この漁港の餌場に突如現れた。毛並みがきれいだったので、捨てられたと思われる。

当時から浜辺の猫たちのお世話を続け、今は夫妻でＮＰＯ法人を立ち上げ、自宅にシェルターも病院も整えた千鶴子さんは言う。

「今でこそ怖いものなしのマリちゃんだけど、捨てられてしばらくは、不安そうにしていたわね。まだうら若くて、細かったし」

　漁協と市場の中間にある岸壁のあたりで、千鶴子さんが運ぶご飯を待つグループの一員となったマリちゃ

ん。不安げな表情もなくなり、人懐っこいので、漁港内で可愛がられてのんびりと暮らしていた。

数年前、マリちゃんは、餌場を変えて、市場のほうに移ってきた。漁港内で長いことボスとして君臨してきた「ボス」と、いい仲になったからだ。

彼は、よそから流れてきた百戦錬磨の傷だらけの大きな猫だった。たちまちボスになったけれど、女子どもの猫には優しかった。

市場で食堂を経営する女性はこう言う。

「ケンカは強かったけど、憎めない可愛い奴だったわよ。『オレの彼女』みたいに、マリちゃんを連れ歩いてたわ。『やっぱりボスは見る目があるねえ。マリちゃん、ムチムチのい

いオンナだもんね』って、みんなで言い合ったものよ」

細かったマリちゃんは、市場の人や猟師さんに可愛がられ、おいしい魚を毎日もらって、いつしか立派な体格になっていたのだ。

ボスとマリちゃんが寄りそうしあわせな月日は、数年続いたが、3年前の冬に、ボスはひどい風邪をひき込んだ。古傷だらけの体だったし、この漁港に流れてきて12年、彼はか

千鶴子さん提供

なりの年になっていた。

千鶴子さんはボスをシェルターで養生させることにした。いなくなったボスを漁港じゅう探し回るマリちゃんの姿が目撃されている。

暖かくなって、ボスに体力が戻ってきたら、マリちゃんや仲間たちの元に戻すつもりでいた千鶴子さんだったが……。

ボスの体力は戻らなかった。しきりに外に出たがるボスを抱いて、千鶴子さんは春浅い漁港に向かった。仲間たちの姿は見当たらない。草の上にそっと下ろしてやると、ボスは懐かしそうにあたりを見回した。

市場にも連れていくと、市場の人たちはみな、すっかり小さくなったボスを見て泣いた。

その3日後に、ボスは安らかに旅立った。

ボス亡きあとの漁港には、次期ボス格の気の強い雄猫は不在だ。揃ってビビりぞろいの猫たちのトップは、マリちゃんに受け継がれた。

ことに威張るわけでもなく、面倒をみるわけでもないが、泰然自若としたその存在は、漁港の平和に欠かせない重しになっている。

「ボスがいなくなって、マリちゃん、さぞかししょんぼりするかと思ってたら、すぐにふっきれたみたいよ。やっぱり、女は強いよね」

市場の人たちは、そう言い合って、胸をなでおろした。

「だけど、マリちゃんだって、いいお年だから」と、寒さ対策や食事に気を使ってもらっている毎日だ。

将来、浜で暮らすのが大変そうになったら、千鶴子さんのシェルター

で、のんびりした余生が約束されている。だが、ふっさりした毛並みを光らせて、浜辺を闊歩するその姿を見れば、「女ボス」引退の日はまだまだ先のようだ。

episode 10

ボクは、新入り教育係

保護猫カフェ「鎌倉ねこの間」の新入り教育係は、とらくん。散歩中の柴犬に命を救われ、ここにやってきた。

緑あふれる鎌倉の閑静な住宅地に「鎌倉ねこの間」はある。オーナーの久美子さんが自宅の一部を譲渡型保護猫カフェとして、3年前に開いたものだ。

つらい思いをした末に保護された猫たちに、新しい家が決まるまでをのびのび過ごしてほしいと、吹き抜け階段や大窓、ロフトもある、思い切り開放的な空間になっている。

お客さんの膝の上で甘える猫、階段で追いかけっこする猫、大窓から裏山のバードウォッチングを楽しむ

猫、高い梁の上を散歩する猫、籠の中やソファーで寝入っている猫。

みんなやんちゃ盛りの年齢だが、中に1匹、落ち着いた態度の大きな茶トラの猫が混じっている。

とらくん。3歳の雄猫だ。彼はここになくてはならないスタッフで、やさしいボスであり、新入り猫たちの教育係もあい務めている。
とらの穏やかな目は、まんべんなく、店内の子猫たちに注がれている。甘えてくる子猫には、そっと寄りそう。やんちゃの度が過ぎる子猫には、首根っこを軽く噛む教育的指導が入る。まるで、ベテラン保育者のように、子猫たちから慕われている存在だ。

今日は、お客さんが空き箱をおみやげに持ってきてくれた。子猫たちが取り合ってひとしきり遊んだあと、

最後にとらも入ってご満悦顔。とらだって、まだ3歳なのだ。

様々な経緯で保護された子猫たちが、しあわせな卒業までのひとときを、ここで共に過ごす。とら自身、生まれたてを捨てられた仔猫だった。命を救ってくれたのは、散歩中の柴犬だった。

3年前のとても寒い2月のある朝。飼い主の由美さんと早朝散歩を楽しんでいた柴犬の殿介(でんすけ)は、いつもの公園を横切ろうとして、はたとその足を止めた。そして、滑り台へと突進した。

滑り台の下に置かれていたのは、段ボール箱。由美さんが開けてみると、中には、まだへその緒がついた生まれたての子猫が7匹。すでに冷たくなっている子や、息の浅い子もいた。

懸命の手当てで生き残ったのは、3匹。そのうちの1匹がとらである。とらたちは、殿介から文字通り「舐めるように」可愛がられて育った。

殿介が散歩中に仔猫を見つけるのは、とらたちが初めてではない。捨てられたり、ノラ母さんとはぐれたりして、衰弱した仔猫たちの声にならないかすかなSOSを、殿介は聞き逃さなかった。

7年前。不用犬として飼い主から保健所に引き渡された殿介は、保護団体のシェルター経由で由美さんの住む温泉町へやってきた。半年たって、ようやく由美さんたちに心を開いた。そして、3度のご飯より散歩が大好きになり、仔猫救助という特異な才能を発揮し始めたのだった。

由美さん提供

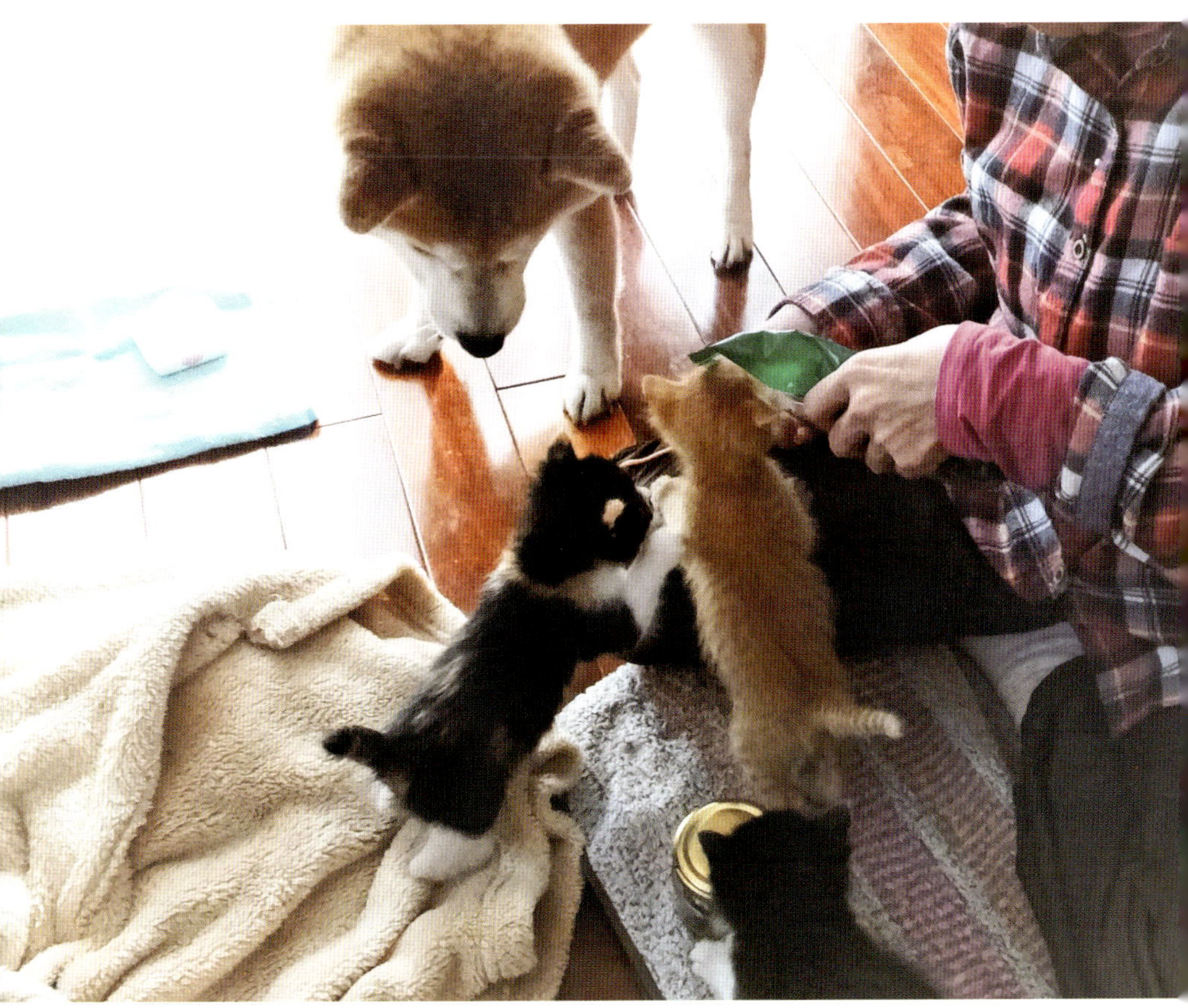

由美さん提供

由美さん提供

次々と仔猫を発見する殿介のボランティア活動はあっぱれなのだが、譲渡先探しが大変だ。そんなとき、お世話になっている獣医さんの紹介で、「鎌倉ねこの間」の在籍猫に空きができたときに受け入れてもらうルートが開かれた。

そのルートの第1号がとらだった。

とらは、賢さも気立ても申し分ない猫だったが、なぜか、なかなか譲渡先が決まらずにいた。後から入って来る新入りたちの面倒見のよさに久美子さんは着目した。

殿介から受けた愛情教育を、とらはちゃんと受け継いでいるのだった。

とらは、「新人教育係」を拝命し、ねこの間のスタッフとなった。

「もらわれていくことが決まった子猫には、抱え込むようにして念入りにペロペロ舐めてやるんです。だけど、なかなか決まらない子には、『後がつかえてるから、そろそろ出ろよ』みたいに追い出しムードになります。そうすると、不思議に、すぐ譲渡先が決まるんですよ」と、久美子さんは笑う。

殿介が救って、温泉町から鎌倉ねこの間に送り込んできた子猫はこれまで、とらを含めて9匹にもなった。

白黒ハチ割れの「いよ」は、道ばたで餓死寸前だった子だ。

うす三毛の「いちご」は、民家の外壁の中から出られなくなって、必死に助けを求めていた子だ。直接助けたのは由美さん夫妻だが、助け出されるや、いちごは殿介のもとに駆け寄って、「よかった、よかった」と毛づくろいしてもらったという。

由美さん一家や殿介から注がれた愛情を久美子さんやとらに引き継いでもらい、すくすく育ったいよもいちごも、もらわれていく日が決まった。

とらが、いちごをやさしく毛づくろいし始めた。

由美さん提供

由美さん提供

見捨てられた犬のいのちにそっと寄りそう人がいた。その犬がより弱い捨て猫のいのちに寄りそった。そして、寄りそわれて大きくなった猫が、今また小さないのちにそっと寄りそっている。

種を超えて、愛は巡り、いのちをつないでいく。

episode 11

よれよれの猫

雨の夕方、行き倒れのようにやってきた黄色い猫。夫婦は猫を放っておけず、最期を看取るつもりで、家に入れた。

窓から差し込む光が、ふっさりした黄色い毛並みを輝かせる。名を呼べば、甘えを帯びた目で見つめ返す。

安心しきったその姿にいとしさがこみ上げながら、ひとみさんは思い出す。この子がここにたどり着いたときの、衰弱しきったよれよれの姿を。

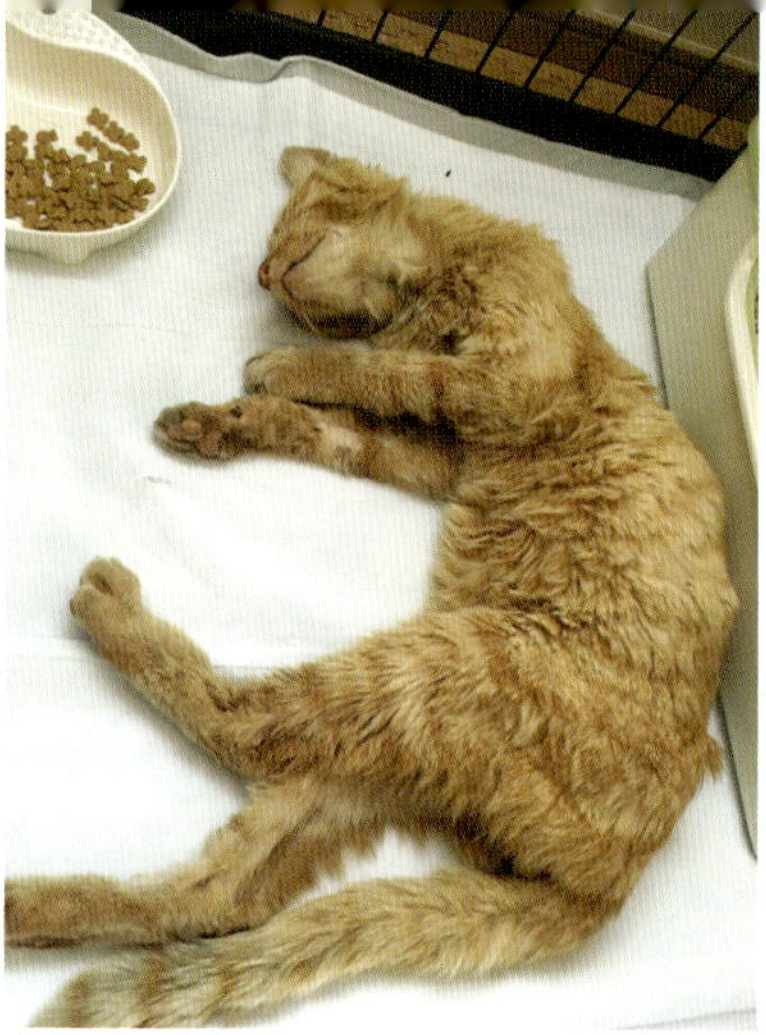

それは、3年前の5月の夕方だった。
「黄色い猫がよたよた玄関までついてきちゃったんだけど。かなり衰弱してる」
先に帰宅した夫の邦彦さんから、そんなメールをひとみさんが受け取ったのは、職場から帰宅しようとするときだった。

ひとみさん提供

すぐさま、「あの猫だ」と目に浮かんだ。

ふた月ほど前から、近所にある路地猫たちの餌場で時折見かけるようになった、片耳のちぎれた猫に違いない。

もとは飼い猫だったのだろうか、やけに人懐こかった。出会うたびに痩せていくのが哀れで、「困ったら、うちまでおいで」と声をかけたのだが、ここしばらくは姿を見ていない。

急いで帰宅すると、やはり、あの猫だった。

ひと目見て、かなり容体が悪そうである。ひとみさんにかけてもらった言葉にすがったのだろうか。

夜間も受け付ける動物病院を調べて担ぎ込んだ。

猫は、満身創痍のズタボロ状態だった。猫エイズキャリア。ひどい慢性腎不全。歯は1本もなし。右眼球には黒ずんだかさぶたが貼りついている。推定8歳くらいと聞き、これまでどこでどんな猫生を送ってきたのかを思うと、胸が詰まった。

医師は、言った。

「もうそんなにもたないでしょう」

邦彦さんもひとみさんも猫と暮らしたことがない。だが、ふたりの思

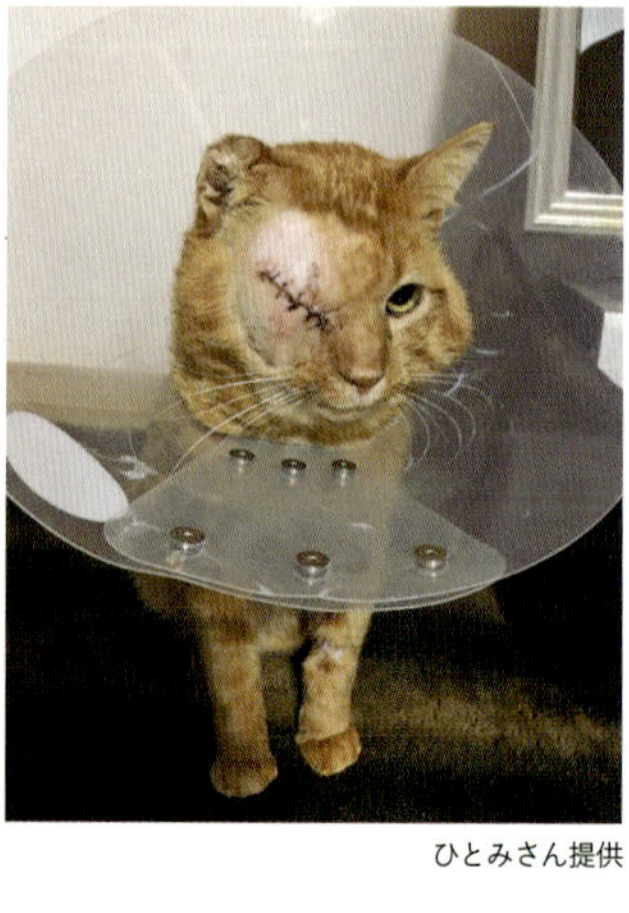

ひとみさん提供

いは同じだった。

せめて苦しみを減らして、少しでも安らかに最後の日々を過ごさせてやりたい。

「にゃあ」という名をつけてやって、点滴や投薬など、できうる限りの手当てをし、おいしがるものを食べさせた。

すると……食欲と共に、にゃあは復活の兆しを見せてきたのだ。腎臓や血液の数値は変わらないが、体力は目に見えてついてきて、おもちゃにもじゃれつくようになった。

元に戻すつもりなどなかった。未去勢だったが、腎臓への負担を考えるとまだ手術ができない。

発情の季節になると、にゃあは、所かまわず、おしっこをかけた。

「もう大変でした」

笑いながら振り返るひとみさん。

どんなに手間をかけさせられても、

「がんばって生きててくれてうれしい」という思いでいっぱいだったのだ。

　角膜がダメになっていた右眼球の摘出手術と共に去勢手術をすますと、おしっこがけは、ぴたりと止んだ。

　巡り合って3年。にゃあは、すっかり家猫の愛され顔になった。体調もよく、毛並みもふっさりと柔らかい。子猫時代を取り戻すかのように、よく甘え、よく遊ぶ。

　保護当時2・6キロだった体重は、5キロ台になった。

　腎臓に負担をかけないための薬は毎日3種類。自宅での生理食塩水の皮下注射も毎日3本。

　月1回の検診も欠かせない。病院へ行く支度を始めると、いち早く察

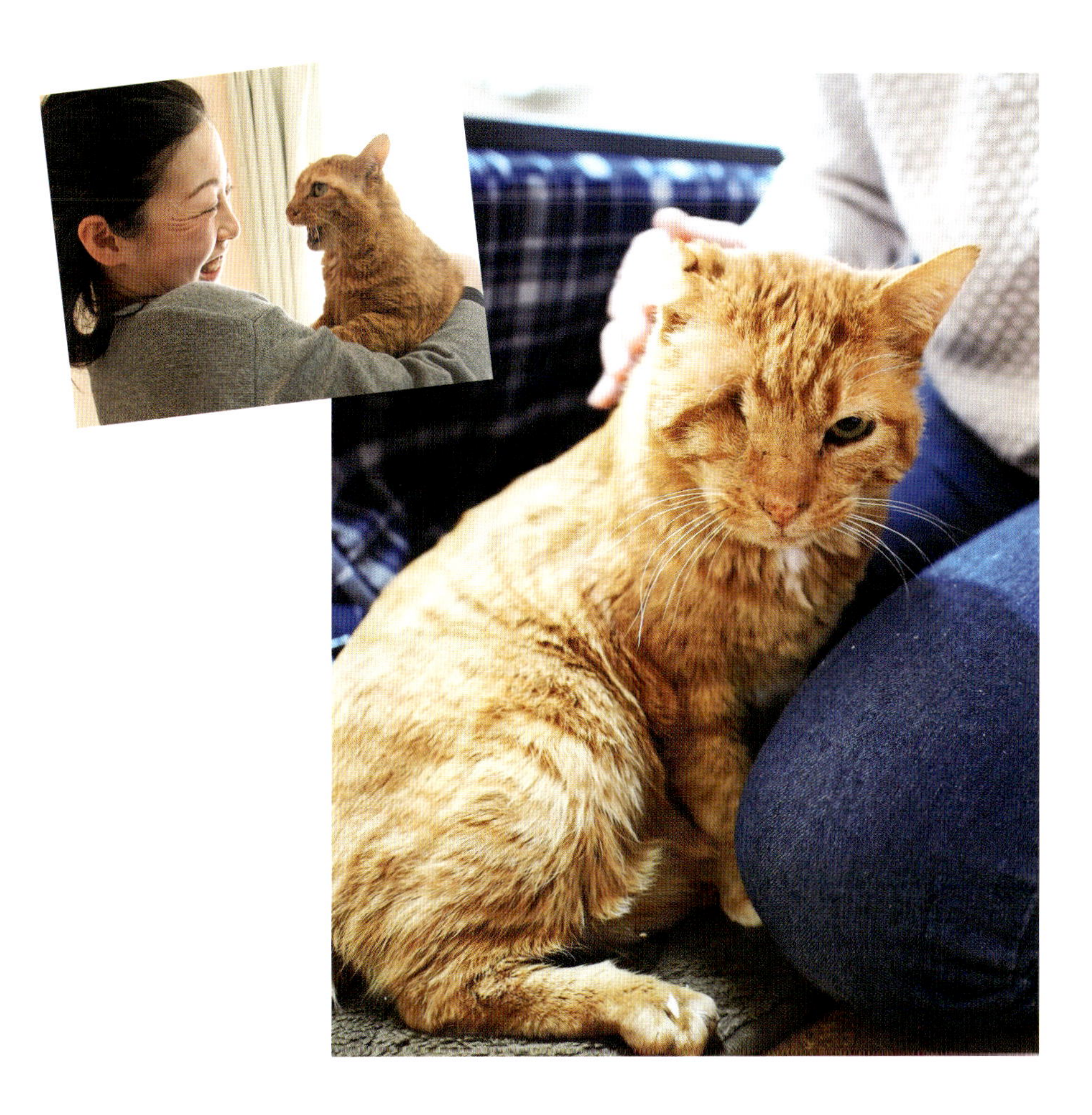

して、にゃあはスーッとこたつの中などに移動し、「いません」とばかり気配を消す。
「甘えたり、とぼけたり、喜んだり

……猫がこんなにも感情豊かに生きているなんて、思ってもいませんでした。何をしても、可愛くて」とひとみさんが言えば、邦彦さんも負けじとにゃあへの愛を吐露する。

「いやあ、可愛いです、すべてが。毎日、家に帰るのが楽しみです」

歯のないにゃあは、舌を出したら、出しっぱなしのシュールな顔になる。それも、可愛くてたまらない。

一緒に寝ると、夜中に、枕の真ん中をぶんどる。それも、可愛くてたまらない。

気に入らないご飯だと、そっぽを向いたまま、食器の前から動かない。それも、可愛くてたまらない。

「縁あってにゃあを家族に迎えてから、どの猫もしあわせでいてほしいと、切実に思うようになりました」

と、ひとみさんは言う。
　界隈のノラ猫たちは、餌場もいくつかあり、ボランティアの手で避妊去勢手術も進んでいる。虐める人もいない。それでも、やっぱり気にかかる。雨の日や寒い日など、外猫たちはどう過ごしているのか、にゃあのような子がさまよっているのではないかと。
「一日でも長く、にゃあと一緒の日々が続くよう、できる限りのことはしてやりたい」
　ひとみさんの言葉を聞いて、にゃあが、うれしさ半分、照れ半分の顔をした。

episode

12

ねぎ様はいい女

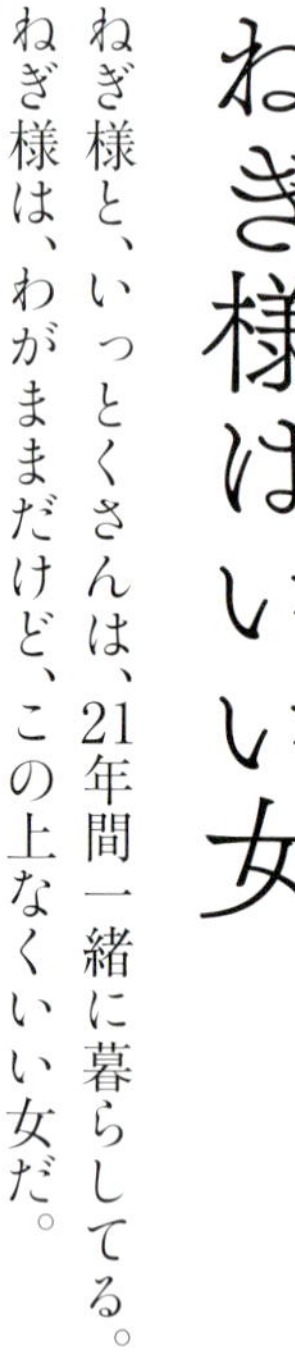

ねぎ様と、いっとくさんは、21年間一緒に暮らしてる。ねぎ様は、わがままだけど、この上なくいい女だ。

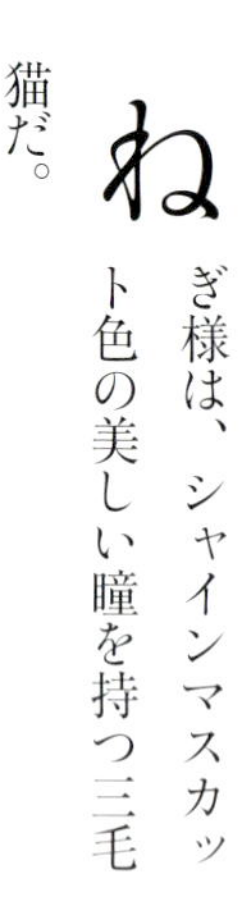

ねぎ様は、シャインマスカット色の美しい瞳を持つ三毛猫だ。

推定23歳。もしかしたら、それ以上。英語教師で造形作家でもあるいっとくさんと、ひとつ屋根の下で暮らしている。

年と共に少し寂しがり屋になって、いっとくさんがお風呂に入っているときも、トイレに入っているときも、ずっと鳴き続けている。

そのくせ、朝、仕事に出かけるときは、鳴かない。「私のご飯を稼いでくる」と分かっているようだ。

いっとくさんとねぎ様の出会いは、21年前のこと。当時住んでいた町は、やたら自由猫の多い町だった。

ある日、庭をつっと通り抜けた若い猫。

「お、美人!」

手術済みではあったけど、飼い猫ではないようだった。だが、ご飯を置いても、近寄っては来ない。

寒くなり始めた頃、鍋物の準備を

していたら、あの子が庭からのぞいていた。

「お前も鍋でも食うか」

そう声をかけたら、スッと家の中に入ってきた。

「鶏肉なんぞを一緒に食べたあと、ごろんと寝ころんだぼくの胸の上に乗ってきて、くつろいだんです」

そのうち、いなくなるのかな、とも思ったが、スッと入ってきたときに箸でつまんでいたのがネギだった

いっとくさん提供

ので、「ねぎ」という名をつけた。

「以来、ずっと彼女のペースに合わせて暮らしています。朝は、きっかり5時50分に起こされます」

遊びに来る友人たちが、その女王様ぶりを見て、「ねぎ様」と呼ぶようになった。

ねぎ様は、とにかく雄猫たちにモテた。多い時は日に3匹か4匹、入れ代わり立ち代わり、庭から迎えに来た。

「ねぎは窓から見下ろしていて、気に入った雄猫のときだけ、『外に出して』と鳴くんです。車の下でデートしたり、鼻先にキスしてあげたりするだけなんですけどね」

ステディーな関係になるのは、年に2回くらい。ガッチリ系からジャニーズ系まで、さまざまだった。

「6年くらい前に通ってきていた雄猫で、ぼくの顔を見ると、『にゃあ（や、お父さん）』って、ちゃんと挨拶をする子がいて、『俺はアイツがいいと思うぞ』とねぎに言ったんだけど、続かなかったなあ」

そんなねぎ様も、3年前から、甲状腺と腎臓を患い、病院通いが始まった。薬を液状おやつに混ぜて飲ませようとしたものの、ねぎ様は、世の猫たちに大人気の、この軟弱おやつが大嫌い。薬を飲ませるのに、いっとくさんを四苦八苦させている。

体重もかなり減って、あまり外出をしなくなり、雄猫とのデートもめっきり減った。

先日、若い雄猫が迎えにきたときには、『追っ払ってちょうだい』と、いっとくさんを呼びつけたという。

というわけで、現在のねぎ様の彼氏は、いっとくさん。いっとくさんは猫の絵もよく描くが、どれもねぎ様が入っている。

年と共にねぎ様は、ますますわがままになり、その日に食べたいものを食べないと不機嫌に。

「だから、毎日、魚と肉を用意します。それぞれお皿にのせて、ねぎが選ばなかったほうがぼくのご飯になります」

一日一回、「抱っこ」と要求し、抱いてやると、嬉しそうにゴロゴロと喉を鳴らす。夜には、家の前の小公園に「一緒に行きましょ」と誘ってくる。ただベンチに並んで座っているだけなのだが、10分ほどで満足して、自分から家に向かうねぎ様だ。

「だけど、ぼくが風邪をひいたときなんか、一切わがままを言わない。わがままで、わきまえていて、いい女なんです」
そして、いっとくさんは、しみじみと言う。
「あと何年一緒に暮らせるかなあ。がんばって長生きしてほしい。どんなわがままも引き受けるから」
ねぎ様は、いっとくさんの初めての猫である。

公園

episode

13

虐待から救われて

夜の公園でボール代わりに蹴られていた豆ちゃん。
救ってくれたのは、通りかかった伸子さんだった。

豆ちゃんは、4歳の茶白の雄猫。伸子さんとのふたり暮らしだ。

豆ちゃんの苦手なものは、外を通る男の子の元気な声や、サイレンや、工事の音や、ビニール袋のカシャカシャ音。

だいぶ落ちついてきたけれど、やってきたばかりのときは、苦手な音がするたびに、パニックになって、ガタガタ震えだしたものだ。

今でも、キャリーに入れようとすると、口から泡を吹くほど怖がるので、動物病院にも連れていけない。

そんな豆ちゃんと伸子さんが出遭ったのは、3年半前の9月のある夜。

その夜のことを思い出すと、伸子さんの胸は今でも怒りと悲しみで張り裂けそうだ。

友人宅からの帰り道だった。この公園を横切れば、すぐ自宅。誰もいない公園で、高校生らしき男の子が、サッカーの練習のように、何かが入ったコンビニのビニール袋を蹴り上げていた。

背後を通り過ぎようとしたそのとき。ビニール袋は思い切り高く蹴られ、宙でくるくると回転して、中から転げ落ちたものがあった。

伸子さんは目を疑った。落ちてきたのは、猫！ それも、まだ半年く

らいの。

子猫は、ずりっずりっと足を引きずり、死にもの狂いで車の下まで逃げ込んだ。

「こらあーっ」

その時、初めて伸子さんに気づいた高校生は、自転車に飛び乗り一目散に逃げた。

「どうかどうか無事で」と祈りながら、猫餌と毛布を取りに自宅に走り、急いで戻ったが、車の下に子猫はいなかった。

あちこち必死に探し回り、ようやく垣根の下でうずくまっている子猫を保護。

「口から血が出て、左脚はだらーんとしてて。怯えきって、動物病院に連れて行くときも、ガタガタ震えて失禁するほどでした」

口の中がぱっくりと切れ、犬歯は折れ、足は打撲。耳の中がきれいなので、もとは飼われていた猫らしかった。

警察にも届け、自分でも夜な夜な公園で張り込んだが、その高校生を見つけ出すことはできなかった。

保護した豆ちゃんの怯えが収まらないため、しばらくの間、伸子さんは、赤ちゃん用抱っこ紐で、豆ちゃんを抱っこしたまま、家事をしていたという。

そんな豆ちゃんをおおらかに迎えたのが、先住のおばあちゃん猫コンビ、「ぶったん」と「てったん」だった。やはり子猫のときに保護された

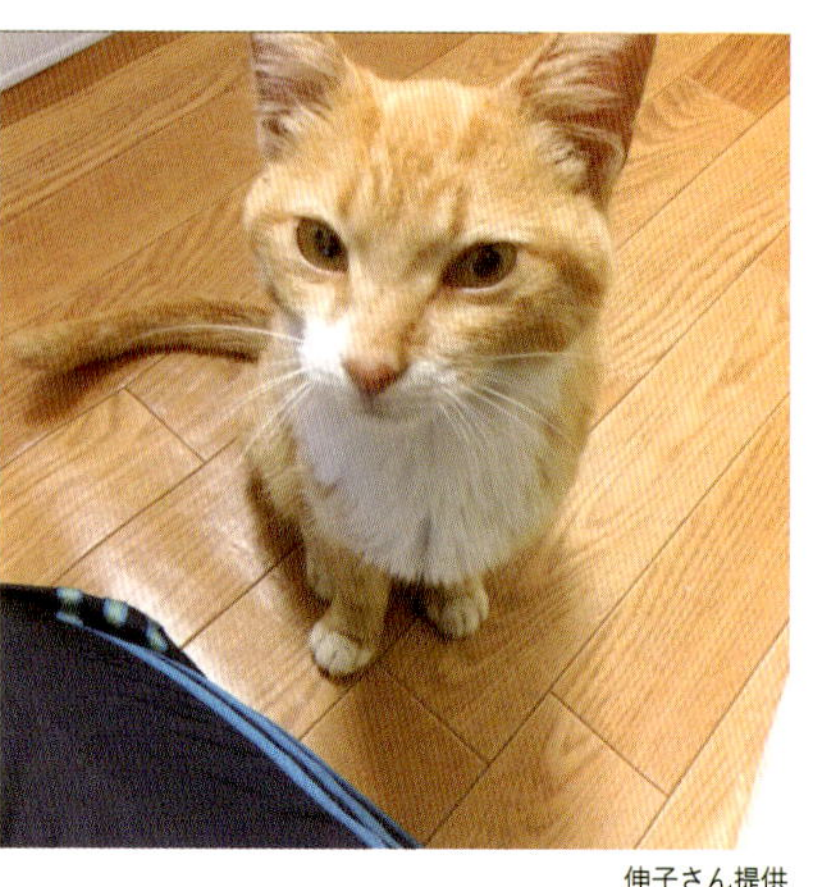
伸子さん提供

姉妹である。

豆ちゃんがやってきて半年後、18歳のぶったんは天国へ。いつも一緒だった片割れを失ったてったんは、そのショックから、てんかんを発症してしまった。

最初の発作のとき。「ぎゃーお、ぎゃーお」と鳴き叫んで、てったんの異変を伸子さんに知らせに走ったのは、豆ちゃんだった。

その日以来、豆ちゃんは、夜中のてったんおばあちゃんの徘徊にも付きそい、発作のたび、すぐ伸子さんに知らせた。

「てんかんを抑える薬を朝晩てったんに飲ませていると、豆ににらまれました。『てったん姐さんがそんなに嫌がってることを、なんでのんちゃんはいつもするの』って」

てったんへの豆ちゃんの敬意はたいしたものだった。ご飯を一緒に出しても、てったんが口をつけるまでは、食べ始めようとはしなかった。

「外で怖い思いをしたのかい。もう安心だよ」と、自分を包み込んでくれたてったんの、21年間の最後の日々に、豆ちゃんは、伸子さんと共にそっと寄りそった。 

少女の頃から、弱いものが虐められているのをけっして許せない伸子さんだった。

中学生時代には、先輩男子たちが、公園の砂場に子猫の体を埋め、小石当てゲームの標的にしているのを見るや、先輩に馬乗りになって殴り続けた伸子さん。その子猫は、実家で24歳まで長生きした。

この前も、店の客であるマダムが「娘が子猫をもらってきたんだけど、見て呆れたわ。雑種なのよ。公園に捨ててきたわ」と話すのに、血が逆流。どこの公園か聞きだしたあと、「アンタだって雑種でしょ」と言い放ち、公園に駆けつける。ちょうど、やさしい家族が子猫を保護したところだった。

仕事が休みの日には、人間からさまざまな仕打ちを受けた猫たちがいるシェルターに、お手伝いに通う。「豆、ごめんね。なんで、私たちが謝っても謝っても許してもらえないようなひどいことのできる人間が、世の中にいるんだろうね」

いつも、こう豆ちゃんに話しかける伸子さん。

そんな伸子さんが、豆ちゃんは、大好きだ。

守ってくれる人がいる。あたたかい光の中で。

またたび家提供

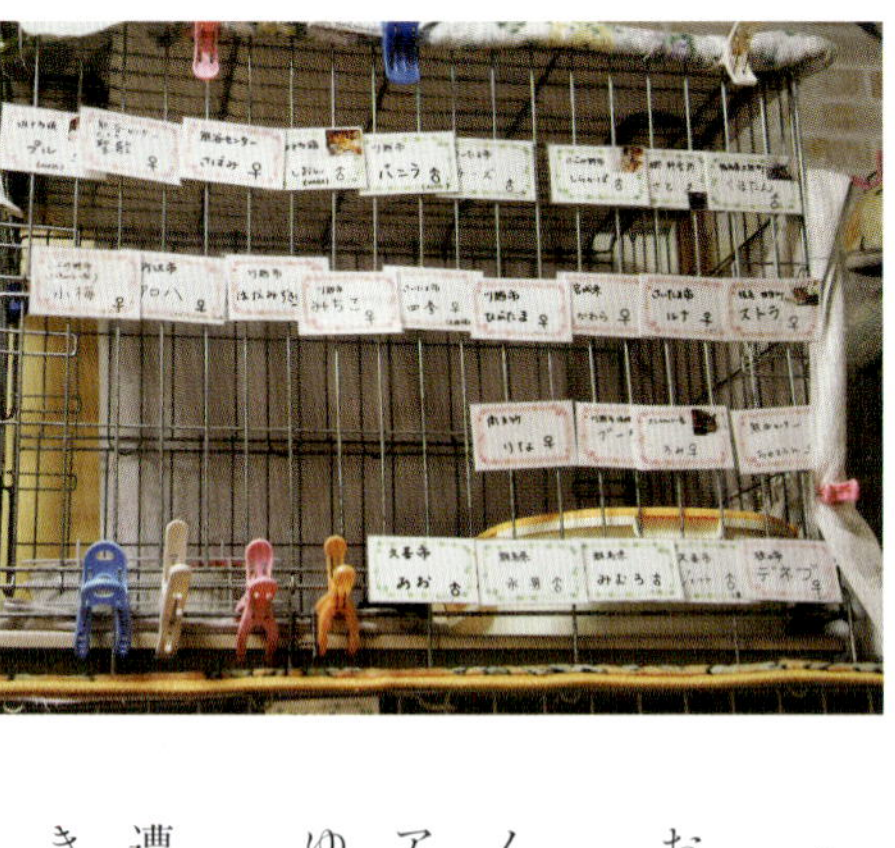

episode

14

被災地から来た子

東日本大震災のあと、美幸さんは被災地に通い続けた。
人のいなくなった町に取り残された小さな命を救うために。

埼玉県川越市にあるシェルター「またたび家」には、およそ70匹の猫たちが暮らしている。来たばかりの猫のための検疫部屋、ノンキャリア部屋、猫エイズキャリア部屋。どの部屋も明るく清潔で、ゆったりと猫たちがくつろいでいる。

行き倒れていた猫、交通事故に遭った猫、行政施設から引き出してきた猫、捨てられていた子猫……。さまざまなワケアリ猫たちに混じって、東日本大震災の被災地福島から来た猫も4匹いる。くまたん、ミル

キー、ストラ、なごみ。エイズ部屋のなごみは、人一倍の甘えん坊だ。

やさしい笑顔を絶やさず猫たちの部屋を回り、猫たちに膝の取り合いをされているのは、このシェルターを作った美幸さんだ。

個人で地域の猫たちの保護活動をしていた美幸さんは、2011年の東日本大震災の被災地状況に、いてもたってもいられなくなった。

直後に、物資を積んで被災地に駆けつけた。原発事故での立ち入り禁止区域に取り残された犬猫がたくさんいることを知ると、こんな思いが突き上げた。

「救いを待っている犬猫たちのために、自分にできることをしなければ。今、すぐに」

同じ思いの個人ボランティアたちと現地で集合し、手分けして、犬猫

猫エイズキャリア部屋の甘えん坊たち。

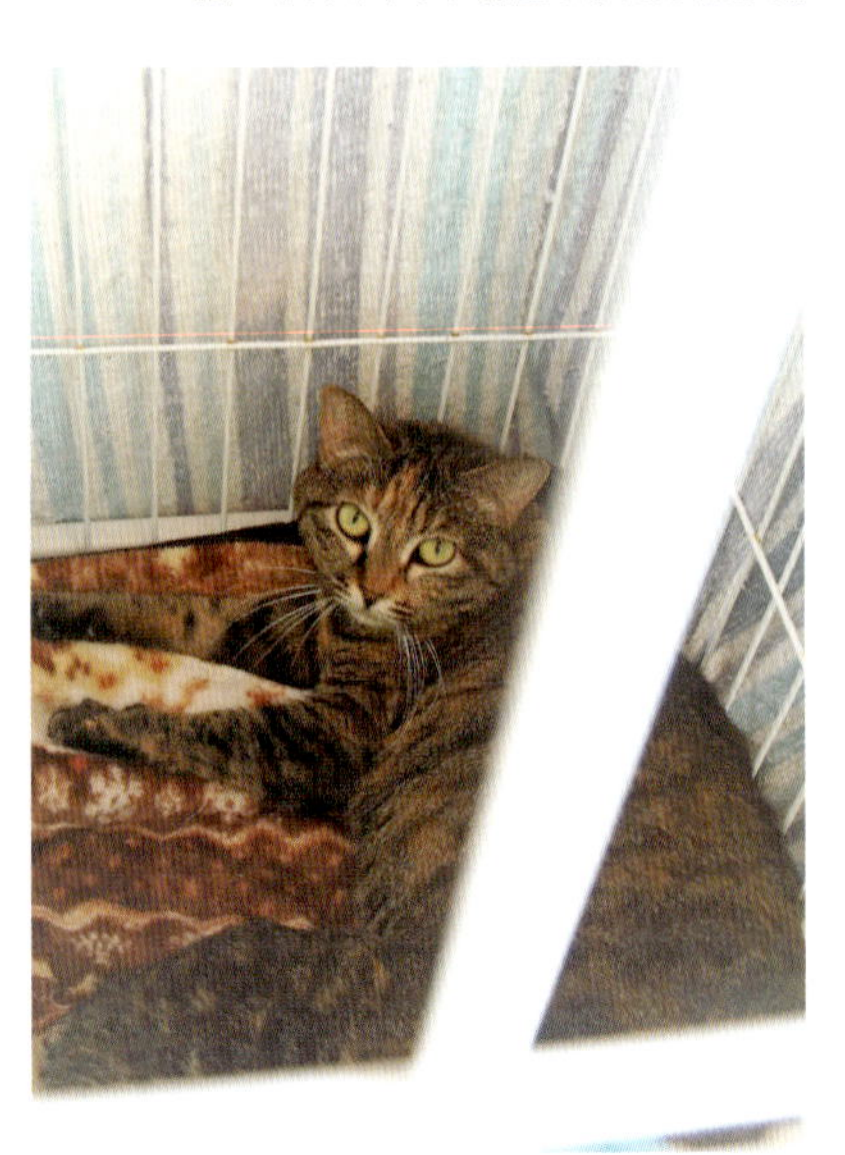

まだ人馴れしていないミルキー。

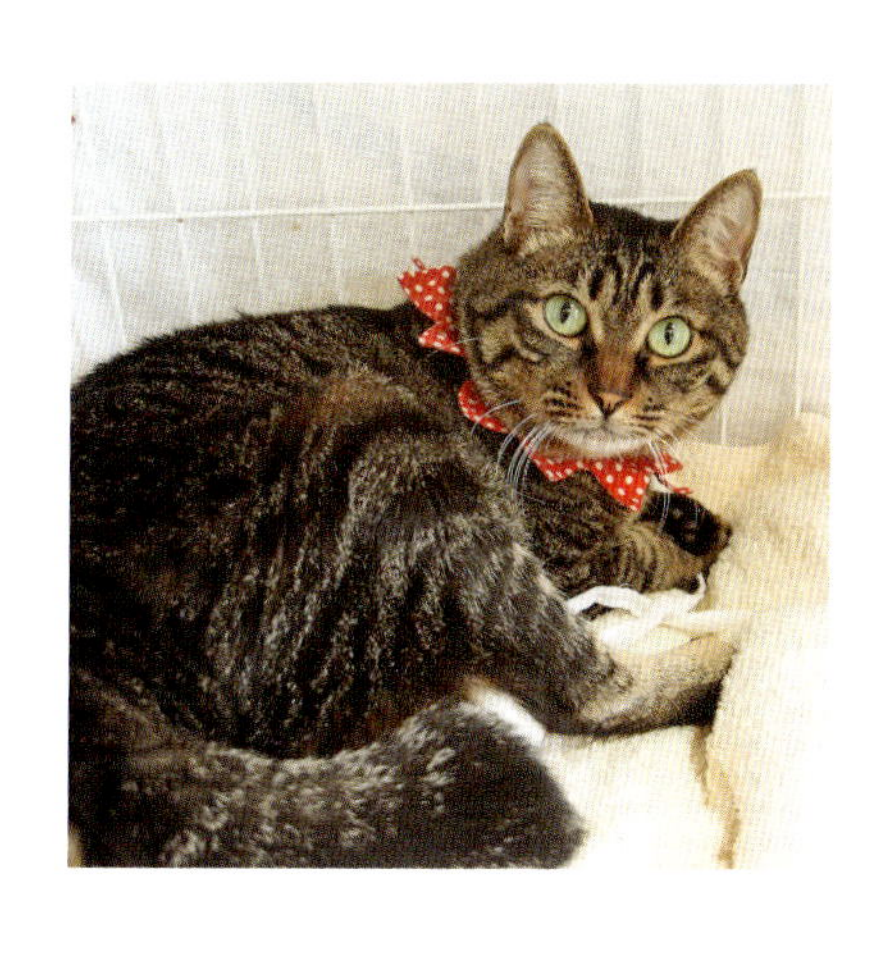

への給餌と保護をし始めた。

猫ベッドが窓辺に置かれたまま朽ち果てた家を見ると、ある日、いきなり寄りそう人をなくした猫たちの身の上に胸が詰まった。

運転席以外は天井まで捕獲器やキャリーを積んだ。立ち入り時間制限があって、連れてくることのできなかったいのちを思うと、今も胸が張り裂けそうだ。

無我夢中で通い続けた8年間。

「この3月、通っていた地区にもう猫がいなくなったことを確認して、いったん保護活動を終えました」

収容保護猫の数が増えていったために、シェルターを作ったのは5年前。20名ほどのボランティアが、時間の融通をきかせあい、シフトを組んで猫たちの世話をする。

病気のある子もない子も、人懐っこい子もビビりの子も、子猫も年寄り猫も、「うちの子」のようにたっぷりと愛情を注いで、譲渡先へ繋げる。

やはりノンキャリアの子猫から譲渡先が決まりやすいが、被災地から来た子も年に数匹、キャリアの子も年に2～3匹、おうちが決まる。

交通事故で半身まひになったレオくんにもおうちが決まったばかりだ。

あすかさん一家に迎えられた三毛猫「ままち」も、またたび家の卒業生だ。5年前に美幸さんが大熊町から連れ帰った子である。

一家は、ネットの募集サイトで「にぃ」と「しぃ」の兄妹を迎えたあと、その子たちの母猫「りぼる」も迎えた。りぼるを見送ったあと、迎えたままちが家の中を明るくしてくれた。

ままちを大事そうに抱えたお父さんは、言う。

「被災地から来た、ということをとりわけ意識はしませんでしたが、ご飯を食べるときや夜にトイレに行くときに『いっしょに行こう』と誘うんです。よほど怖い思いをしてきたんだなあ、と思いました」

ツンデレ気味で、名前を呼んでも来ないことが多いままちだが、「まいちばん」「ままいいこ」には、ホイホイやってくるそうだ。

いざというときの同伴避難のためのキャリーは、ちゃんと3つ用意してあるという。

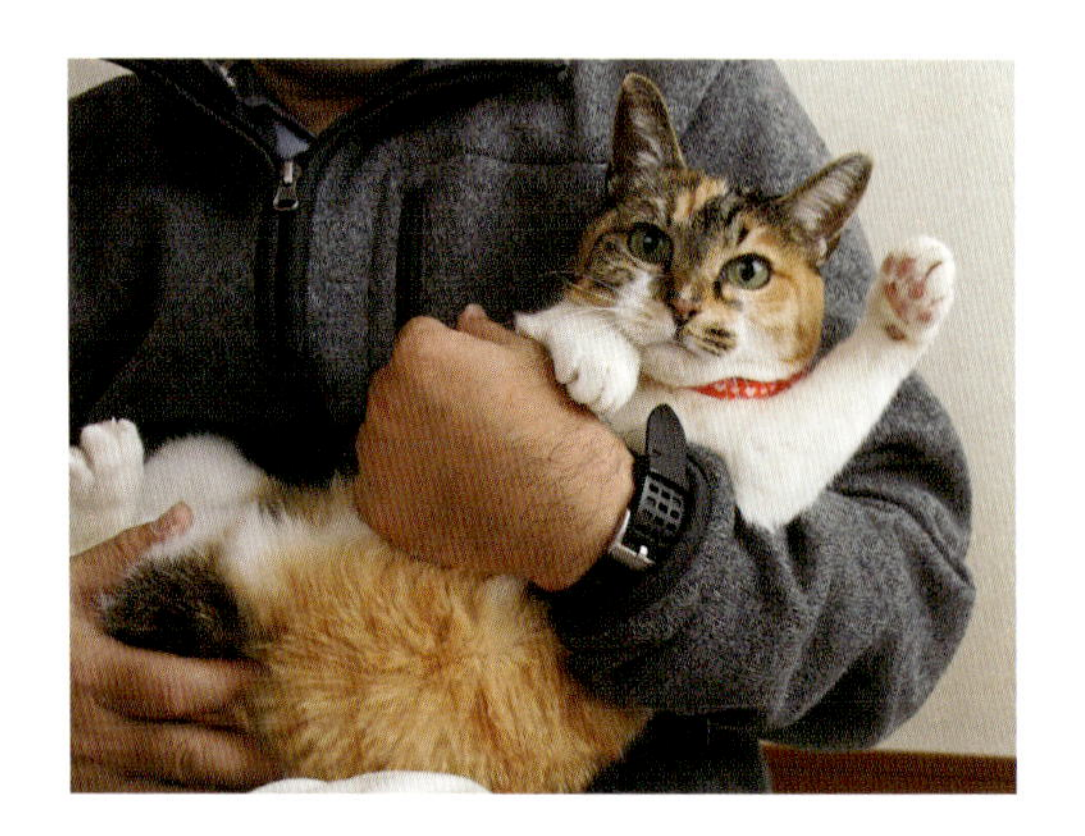

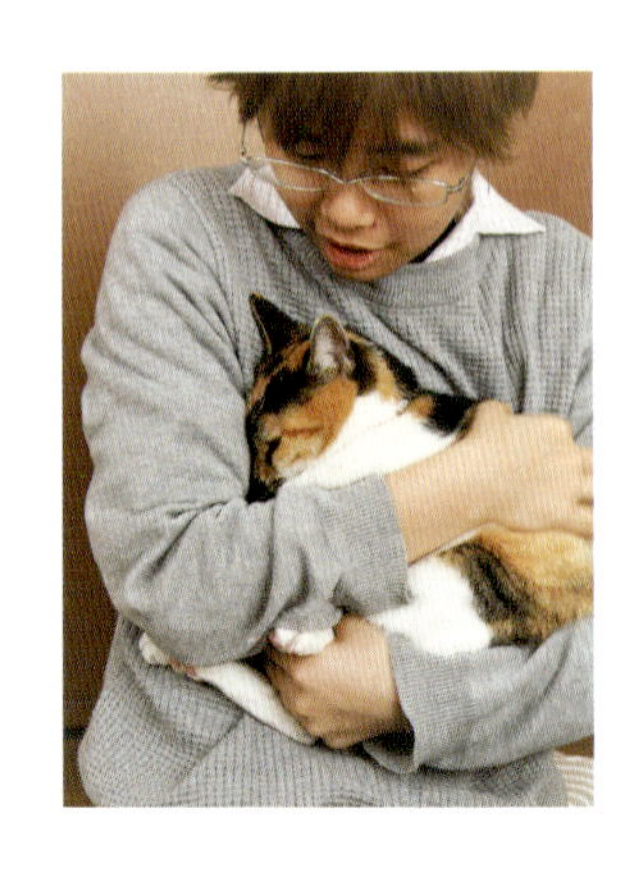

都内に住む浩美さんの家には、ふたたび家から迎えた猫が3匹暮らす。
4年前にやってきたのは、当時2歳の灰色の雌猫アメリ。交通事故に遭い、負傷猫としてセンターに収容されていたのを、美幸さんが引き出して治療のあとに譲渡した。

その3か月後に迎えたのが、当時6歳の雄猫チャロ。会社の庭で面倒を見てもらっていた外猫たちの1匹で、会社が倒産したあと、またたび家に保護された。

2年前に迎えたのが、当時4歳だったキジトラの雄猫イブである。

浩美さん提供。イブ。

イブは、楢葉（ならは）町で、大震災の3年後のクリスマス前に保護された。

イブとチャロは、シェルター時代からの大親友で、再びひとつ屋根の下になってからも、男同士よくくっついている。

またたび家の活動を支援する浩美さんは、「自分にできることを」と、ちゃすけという猫の預かりを引き受けたばかりだ。

浩美さん提供

送り出した猫たちが、家族や先住猫たちと寄りそって暮らしているしあわせだよりを受けとるときが、美幸さんたちの、無上の喜びであり、エネルギーにもなっているのだ。

「見捨てられた子やさまよう子。どの子も、ねぐらやご飯に困らないあたたかな居場所を持てますように。どの子も、誰かと寄りそって生きていけますように」

その思いを束ねて、美幸さんたちの活動は続く。

陸くんの贈り物

険悪な仲の2匹の間を取り持つために迎えられた愛らしい猫。
だが、彼は病気を発症し……。

由梨さん提供

陸は、この家に迎えられた3匹目の猫だった。スレンダーな肢体と、輝く瞳を持っていた。そして、とても人懐こかった。

保護されたのは、へその緒がついたままの生後数日のとき。マンションの側溝から子猫の鳴き声がしているのに住民が気づき、蓋を持ち上げようとしたが重くて上がらず、消防署員10人による救出劇となったという。保護主から保護団体経由で、ミ

ルクボランティアの由梨さんのもとへ。他の預かり子猫たちと一緒に、2か月まで慈しんで育ててもらった。

この家のお母さん、裕子さんが無邪気な陸を3匹目として望んだのは、先住猫2匹の仲の悪さが原因だった。

先住猫の風と華は、それぞれワケアリで、2年前の夏にやってきた。

ブリティッシュ・ショートヘアの男の子、風くんは、「あごズレと噛み合わせオーバー」のために売れ残っていたのを、哀れに思った裕子さんに迎えられた。

その直後に、なりゆきで引き取ったのが、50匹多頭飼育崩壊現場から救出されたばかりのアメショーの華ちゃん。

裕子さんは、幼い2匹が仲良し姉弟となり、毛づくろいし合ったり、くっついて眠る姿を夢見ていた。

だが……裕子さんの夢は、無残にも破れた。華は、飼い主夫妻に触らせもせず、気に食わない風がそばを通るだけでシャアッと般若の形相になった。

風のどんくささは、兄妹だけの

裕子さん提供

ケージ内生活で育ったため、人間や他の猫にどう対応していいかわからないからだった。

　華が癇性なのは、狭い家での未手術多頭飼いだったため、おとな猫に襲われないよう必死で逃げ回る毎日だったからだ。人間に甘えることや子猫らしい遊び方も知らずに育った2匹なのだった。

　このままでは、華も凪も可哀そう。そこで、天真爛漫な陸につられて、少しは仲良くなってくれれば、と希望を託したのである。

　飛んだり跳ねたり、毎日を全力で生きている陸。そんな陸と凪はすぐに転げまわって遊ぶようになり、華も陸には、心を開いていく。

　3匹一緒にキッチンで悪さをしたり、裕子さんの振る猫じゃらしにハッスルしたり……。だが、華と凪の間だけはなかなか縮まらないままだった。

　あるとき、裕子さんは気づいた。華の耳がよく聞こえていないのではないか、と。獣医さんへ連れて行く

裕子さん提供

と、やはり、難聴だった。気を遣って接するようにすると、華は少しずつ、甘える様子を見せはじめ、裕子さんの後をついて回るようになった。

「夢の猫団子」という希望がかすかに見え始めたころ。陸が、元気をなくした。あんなに食いしん坊だったのにご飯を食べなくなり、だるそうにしている。

診断の結果は、FIP（猫伝染性腹膜炎）。有効な治療法が見つかっておらず、あっという間に悪化をたどる病気だ。

一緒にいられるのは、あとわずか。陸を最初に保護してくれた女性と連絡が取れ、会いに来てくれた。

陸には保護後に、亡くなったきょうだいが1匹いたことを、裕子さんは知っていた。だが、その方の話で、

消防署員たちによる救出時に、すでに亡くなっていたきょうだいが、もう1匹いたことも知った。

「陸はたったひとりで生まれてきて、天国にもひとりで旅立っていくのではなかった。天国で待っているきょうだいの分も、たくさんの人に守られ、愛されたいのちだった。引きちぎられるような悲しみが少し和らいだ気がしました」

生まれてからたったの1年も生きることなく、陸はお星さまになった。愛らしい少年のままで。

火葬に出した夜、真っ暗な階下にひとり降りて「にゃーおにゃーお」と陸を呼ぶ風を、裕子さんは抱きしめて号泣した。

裕子さんの頬にどれほどの涙が流

（3枚とも）裕子さん提供

れただろうか。

　陸がいなくなって、1年半。いつのまにか、風と華は、くっつくようになった。陸のいなくなったすき間を埋めるかのように。

　風が華に甘える。そんな風をウザがりながらも毛づくろいしてやる華。

華の目は、丸く穏やかになった。

「こうして2匹がくっつく日が来るなんて。華が風に抱っこさせる日が来るなんて。陸は、2匹を仲良くさせる使命を帯びて、天から舞い降りてきた天使だったのね」

　そう思うと、微笑みがわいてくる。

陸、短い間だったけど、うちの子になってくれて、ほんとうにありがとう。

　あれほど夢見た猫団子を、今は2匹で毎日のように見せてくれる華と風。

　裕子さんの目には見える。大きくなった2匹の真ん中には、まだ少年の陸。寄りそい合って、3匹の猫団子だ。

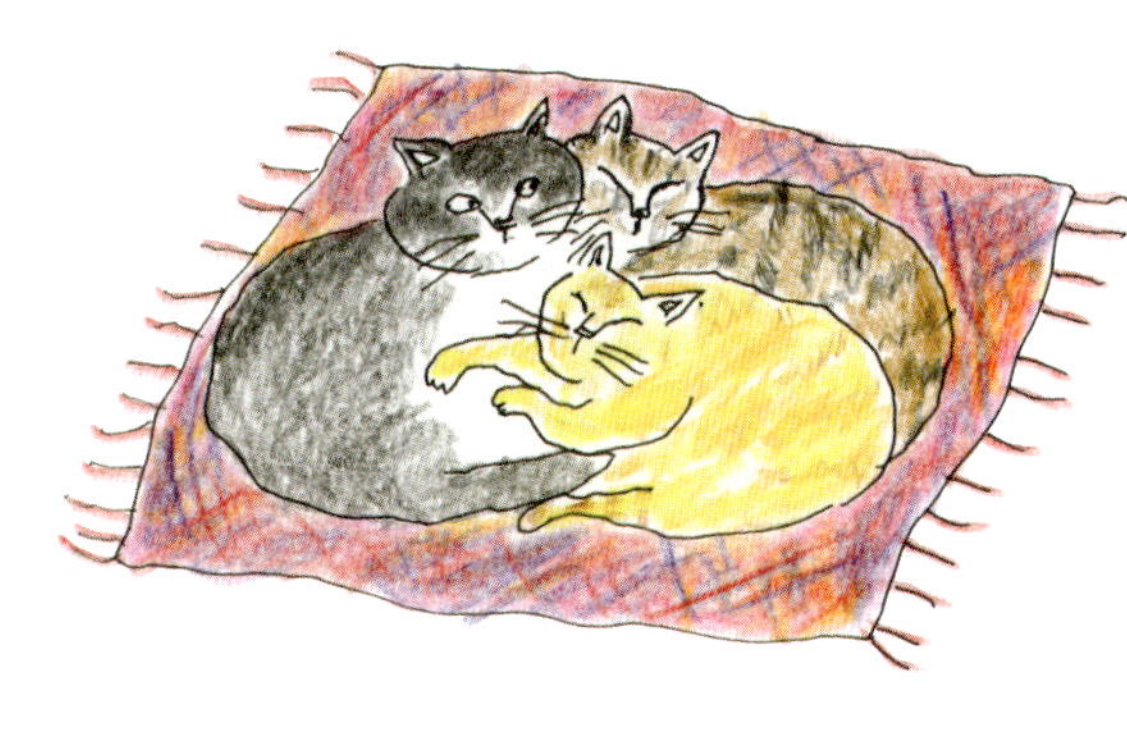

episode 16

里山の仲間たち

海辺の公園に捨てられた子猫は、里山に。
「福猫になあれ」と、「福」という名をもらった。

福くんの橙色の瞳は、毎日毎日、新しいものを発見しては、輝いている。

草むらや畑や小道の匂いを嗅ぎ回って遊び回るから、鼻先にいつも土がついている。

もう、寒くてひもじくて怖くて、公園で震えていた独りぼっちじゃない。

拾ってくれた人が家では飼えなくて、連れてきてくれた里山では、犬

や猫がわんさか迎えてくれた。

迷い込んだり持ち込まれたりした保護犬・保護猫たちで、もういっぱいいっぱいだったのに、行くところのない子猫を受け入れてくれた麻里子ママが、「福」という名をつけてくれた。ママは、この広い里山で、ミニキャンプ場とカフェをやっていた。

「ハッピーとサチと福で、幸福トリオだわ」と、ママは笑いながら、頬ずりしてくれた。

ハッピーは、もう14歳になる。12年前、近くの保育園にさまよい込んだ放浪犬だった。

サチは、同じ頃にやってきたキジトラの雄猫で、全身まひだった。道ばたで見つけた人が、獣医さんに安楽死を頼んだけれど断られて、困っ

た挙句にここに持ち込んだのだ。手足を突っ張ってぶるぶる震えている子猫に、麻里子ママは「幸多かれ」と、「サチ」という名をつけてやった。

犬のハッピーは、そんなサチを舐めるように可愛がって育てた。サチは、自分で懸命にリハビリをして、ヨチヨチだけど歩けるようになり、大地を踏みしめて暮らしていた。今はもう空の上だけど、雌猫のレモンも雄猫のララも、それはそれは可愛がってくれたものだ。

猫たちは、昼間は里山で遊び回り、夜は、長平パパの手作りの猫小屋で眠るという共同生活をしていた。

福がやってきたのは、寒い季節。猫小屋のあたたかそうなベッドにもぐりこむと、そこはサチのベッド。サチおじさんは不自由な手で抱え込んでくれて毛づくろいをしてくれた。

サチは、新入りの子猫がやってくるたびになぜか慕われて、面倒を見てやるのが常だった。ライムも、ゴローたち3兄弟も、謙治も、シュウも、みんなつらい思いをしてやって

サチは子育て上手。

来て、サチの懐に抱かれ、安心して里山の子になっていった。

新入りの遊び相手や教育係は、たいてい、若い猫たちが引き受けた。ちくわにはゴローが、謙治にはちくわとゴローが、小鉄には謙治が、シュウには小鉄が、福には謙治と小

あっこちゃん

鉄とシュウが、左前脚のないあっこちゃんには謙治が寄りそった。

可愛がっていた福がすくすくと大きくなっていくのと反対に、サチの体調はどんどん悪くなっていった。まひを持つ猫のほとんどは、長くは生きられないのだ。

サチの最期の日々には、サチのことが大好きだったハッピーやゴローがそばにいた。小さな福には、サチおじさんがなぜ起きてこないのか不思議でならなかったが、ゴロー兄ちゃんがとても悲しそうなことだけはわかった。

5月の雨の朝、サチおじさんは福の前からいなくなり、匂いだけが残った。

福にとって初めての夏がやって来

る。

池の真ん中で大きなカエルが顔をのぞかせた。好奇心真っ盛りの福は、思わず水草の茂みにジャンプしてしまった。

だけど、そこは足元がずぶずぶで、池のほとりにジャンプして戻れそうにない。福が情けない声で鳴き始めると、あちこちから猫たちがほとりに集まってきた。

小鉄お兄ちゃんが、池のほとりを走り回って、飛びやすい場所から「ここへ飛べ」と指令を出した。無事池から生還した福を見て、みんな「やれやれ」といった表情で散っていった。

柿の木に一気登りするちくわに憧れて、福が初めて高い木登りに挑戦して降りられなくなったときも、たちまちみんな集まってきた。あのときも、ゆっくりと降りるお手本を見せてくれたのは、小鉄だった。

小鉄は、やって来たばかりの子猫

のとき、サチが逃げられないのをいいことに、不意打ちアタックを繰り返し、麻里子ママたちから「里山史上最強の悪ガキ」と呼ばれていた。

だけど、小鉄も、サチが大好きだったのだ。

今日も、何をやらかすかわからない福に、誰かが寄りそっている。

小鉄とシュウが交代で、プロレスごっこの相手をしてやり始めた。
わざと負けて、おおげさに「参ったあ」と言ってくれる、やさしいお兄ちゃんたちだ。
里山でその名の通りしあわせな一生を過ごした、サチの穏やかさとやさしさとひたむきさは、ちゃんと里山の仲間たちに受け継がれている。
毎年毎年、季節が巡れば芽吹く、

ポンちゃん

里山の小さな花々のこぼれ種のように。

福は、この頃だいぶ凛々(りり)しくなった。行き倒れおばあちゃんだった白黒ボンちゃんも、お気楽に暮らし始めた。

独りぼっちだった子猫に
誰かが寄りそう。
教えられたわけでもなく。

里山に
四季が巡り
いのちが巡っていく。

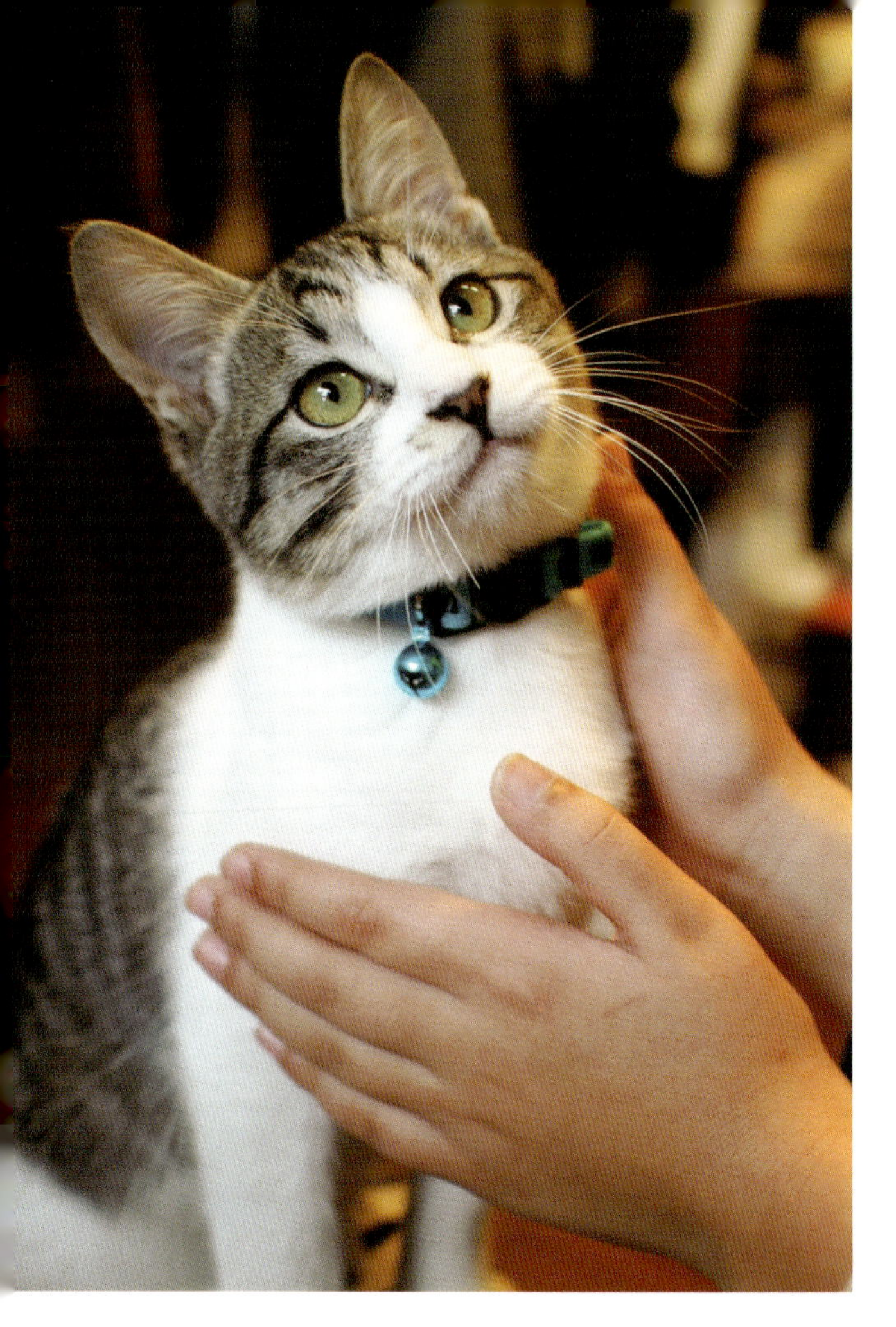

episode 17

猫のいるしあわせ

バツイチおっかあと子どもたちが暮らす海辺の家は、今日もにぎやか。

ワケアリ猫が9匹、笑顔の真ん中にいる。


利発そうな瞳を持つキジ白の子猫を、あおいちゃんの小さな手が、大事そうにそっと包む。

この子は、あおいちゃん一家の9番目の宝物だ。

子猫は生後2か月くらいのとき、海辺で衰弱しきってカラスにつつかれていた。通りかかって救ってくれたのは、海辺の猫たちのお世話を続けている保護団体「ドリームキャット」の千鶴子さんだった。

シェルターで栄養をつけてもらっているところを、おうちの猫の塗り薬を分けてもらいに来たあおいちゃんにとても気に入られ、もらわれていく。

子猫を迎えたのは、お母さん、あおいちゃんのお兄ちゃんのりょうたろうくん、おばあちゃん、そして、8匹の先住猫たち。

千鶴子さん提供

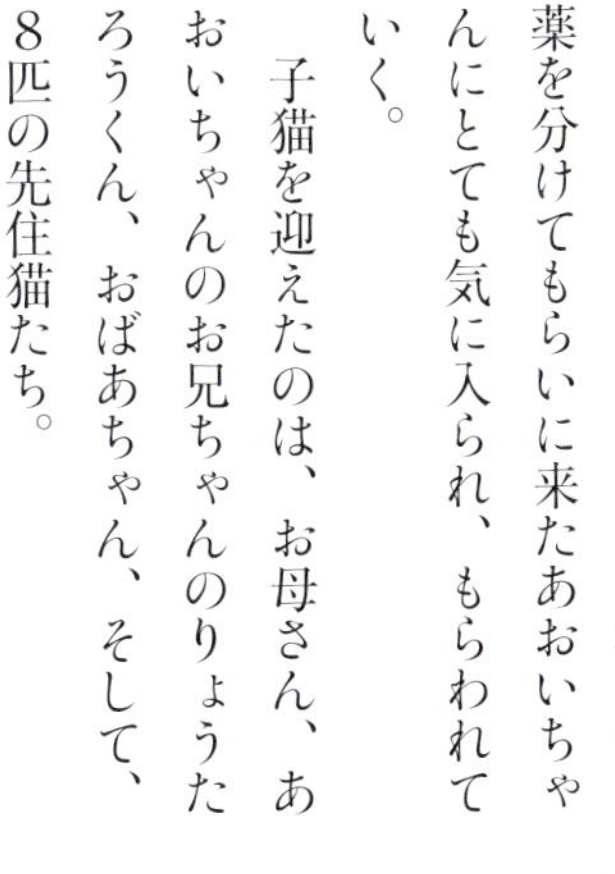

9番目の猫として、子猫は「キュー太」という名をもらった。

新入りを迎えた8匹の先住猫たちは、それぞれにワケアリで、個性的な面々だった。

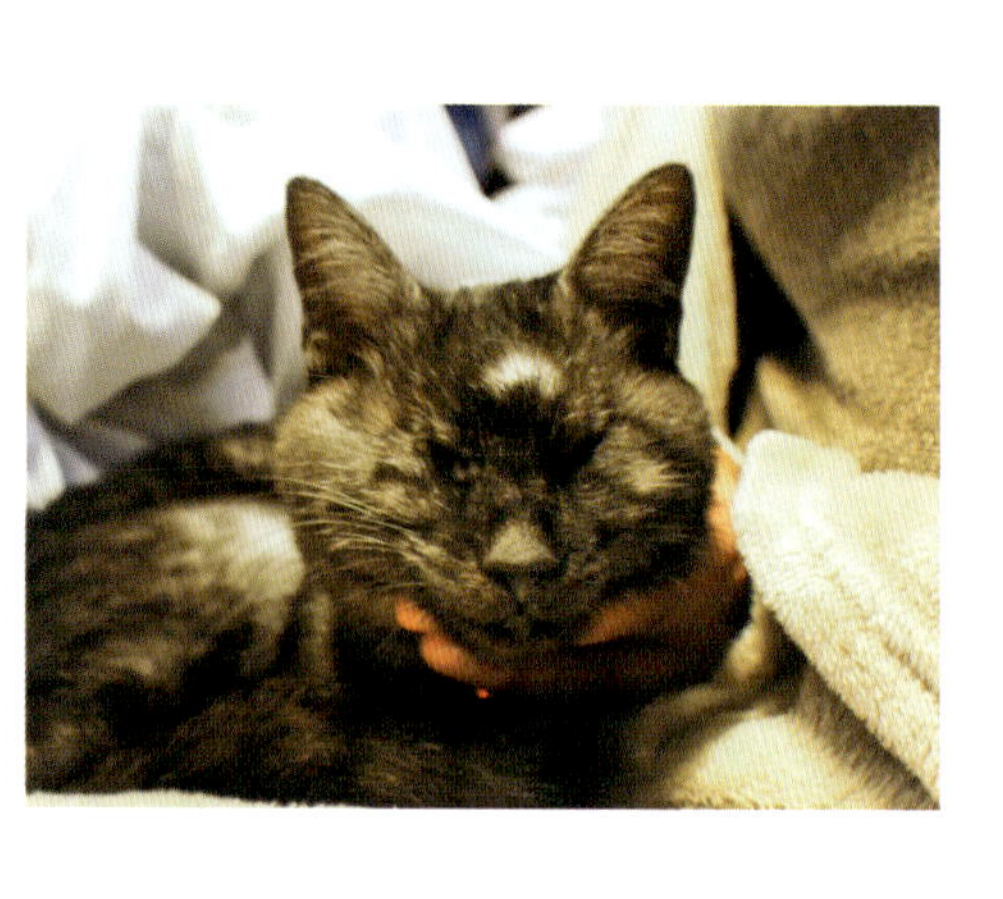

最初の猫がやってきたのは、りょうたろうくんがお母さんのお腹の中にいる12年前のこと。

町の駐車場で両目の飛び出した黒猫を見かけたお母さんは、放っておくことができず、獣医さんへ。「両目摘出」の診断に、涙が止まらず卒倒しそうになって、獣医さんで介抱される。

両目を失った猫を家に迎えたお母さんは、こう話しかけながら、「ひめ」という名前を付けてやった。

「目はなくなっても、お前は可愛いお姫様だからね」

あおいちゃんは言う。「ひめはね、いつでも笑ってるの」

次に来たのは、まだ幼かったりょうたろうくんが庭で見つけたハチ割れのノラ。「おいで〜」と呼んで家に入れてやった「きのこくん」だ。当時キノコ類に目がなかったりょうたろうくんの命名である。

10年たった今では、どっしりと風格ある猫に。兄妹げんかでりょうたろうくんがお母さんに叱られていると、「お母さん、もうその辺で」と止めに来る。

その次にやってきたのが、寒い雨の日、病院の自動ドアの前で鳴いていた「あめこちゃん」。

その次は、外で必死に子育てしていた、バリバリのノラ母さん一家。「かあさん」「ごっちゃ」「ふとし」「ごま」「はだ」たち5匹を、1匹ずつ手なずけて家に入れてやった。

そして、9番目が、キュー太くん。目の見えないひめは、それまで、他の猫たちに心を閉じていたのだが、無邪気なキュー太に甘えられたり、互いに舐め合ったりするうち、他の猫にも心を開いていった。今では、他の猫たちにも心を許し、寄りそい合う。

お母さんが会社に、りょうたろう・あおい兄妹が学校に行っている間は、おばあちゃんが猫たちの世話を引き受ける。下校後は、おばあちゃんから子どもたちにバトンタッチ。

「どの子も、おんなじに可愛い。毎日楽しい」と、りょうたろうくん。
「友だちが羨ましがって，うちに来たがるの」
と、あおいちゃん。

4年前に、離婚という選択をして、実家に帰り、新しい人生を始めたお母さんだが、離婚に至るまでは、とても苦しい日々を送ったという。
「だけど、子どもたちは、猫たちを相手にいつも笑顔でいてくれました。猫たちがいなければ、私はあのつらい時期を乗り越えられなかった。今は、毎日、家族みんなで仲良く楽しく笑ってばかりです」
りょうたろうくんとあおいちゃんは、がんばっている大好きなお母さんを「おっかあ」と呼ぶ。
家族が寄りそう。猫と猫が寄りそう。人と猫が寄りそう。ささやかだけれど、たしかなしあわせが、ここにある。

猫たちの未来

猫ブームの陰で、遺棄や虐待があとを絶ちません。なりたくてなったわけでもないのに、家を持たない猫の存在を許さない人もいます。

猫は、いつだって人に寄りそって生きてきた存在。人も、猫がそばにいることで、どれほど日々の悲しみや淋しさを舐めとってもらってきたことでしょう。

ネット情報社会となり、どんどん人と人の間がクールに疎遠になっていく現代、猫は何一つ変わることなく、人と人の間にできた淋しいすき間にするりと潜り込み、無条件の慈愛を示します。自分たちがどんな仕打ちを受けてきても。

猫たちはこう言っているようです。

「ニンゲンって、区別とかルールとかに縛られて、ずいぶんと窮屈そうだね」と。

愛してやまない猫たちの実話を紹介した本ですが、私たちの日々から遠ざ

かっていく「寄りそう」感覚を取り戻したくて、17のエピソードを手繰り寄せ綴ったのかもしれないと、ふと思っています。

この本を読み終えたあと、あなたのそばにいる猫や人に微笑みかけたくなっていただけたら、とてもうれしいです。きっと、猫たちも含めた私たちの未来への小さなドアが、その微笑みの中にあるはずだから。

社会全体として、ひとりの人間として、すぐそばの小さな命に寄りそうために何ができるか、今こそ、私たちは試されているのではないでしょうか。

著者

Staff

デザイン　mocha design
イラスト　佐竹茉莉子

編集・進行　永沢真琴　寺田須美　高橋栄造

制作協力　株式会社フェリシモ
朝日新聞社
総合プロデュース室 sippo 編集部

佐竹茉莉子
フリーランスのライター・写真家。路地や漁村、取材先の町々で出会った猫たちのしたたかでけなげな物語を写真と文で伝えるべく、小さな写真展を各地で開催中。生まれた時からいつもそばに猫がいた。なじみの猫は数知れず。フェリシモ猫部にてブログ「道ばた猫日記」、ペット情報サイトsippoにて「猫のいる風景」を好評連載中。

道ばた猫日記
https://www.nekobu.com/blog/diary/
猫のいる風景
https://sippo.asahi.com/feature/?key=11011734

寄りそう猫

2019年7月15日　初版第1刷発行

著　者　佐竹茉莉子

発行者　廣瀬和二

発行所　辰巳出版株式会社
〒160-0022
東京都新宿区新宿2丁目15番14号　辰巳ビル
TEL　03-5360-8960（編集部）
TEL　03-5360-8064（販売部）
FAX　03-5360-8951（販売部）
URL　http://www.TG-NET.co.jp

印刷・製本　図書印刷株式会社

Printed in Japan
ISBN　978-4-7778-2290-4　C0095